經營顧問叢書 314

U0034863

客戶拒絕就是銷售成功的開始

李伯勤　編著

憲業企管顧問有限公司　發行

《客戶拒絕就是銷售成功的開始》

序　言

真正的銷售工作，都是從被客戶拒絕才開始。

銷售員工作的終極目標，就是要成交。如果被客戶拒絕了，這個終極目標就無法實現了。但是，又為什麼說＜客戶拒絕是銷售成功的開始＞呢？

銷售是一個要不斷面對「拒絕」的事業：面對市場的「拒絕」、面對客戶的「拒絕」、面對自己內心的「拒絕」。一個成功的銷售人必須要在種種的「拒絕」當中，去戰勝並且成就自己，這是成功銷售人的必經之路。

華人首富李嘉誠，台塑集團董事長王永慶，他們都是從銷售白手起家的，他們的成功，可以說明：銷售工作可以給人帶來巨大的回報，也可以踏上成功之路。

但是，在銷售中常常出現這樣的情況：銷售同樣的產品，面對

客戶，有的推銷員推銷起來得心應手，能夠順利地將產品賣出去，成交一筆又一筆訂單，創造出輝煌的業績；而有的推銷員則覺得無從下手，處處碰壁，成交無門，業績慘澹。為什麼會出現兩種截然不同的局面？其中的原因何在？

但最多、最直接的原因，就是這些銷售人員碰到客戶拒絕而敗下陣來，沒有堅持到最後，碰到客戶拒絕，甚至還沒見到客戶本人，自己就先敗下陣來。

據統計，日本汽車銷售員拜訪客戶的成交比率為 1：30；換言之，拜訪銷售 30 個人之中，就會有一個人買車，只要鍥而不捨地連續拜訪 29 位客戶之後，第 30 位就是自己的客戶了。最重要的，不但要感謝第 30 位買主，而且對先前沒買的 29 位，更應當感謝，因為假如沒有前面的 29 次挫折，怎會有第 30 次的成功呢！

當銷售員害怕「拒絕」的時候，消極的想法就會在心中、嘴巴、行動上表現出來，諸如「這不可能！」、「我做不到！」、「我不行！」、「這太難了！」這些想法只要一出現，最直接的影響就是拒絕了你自己，你就會遠離成功的目標，如果等到「拒絕」進入你的潛意識之後，那麼你就必定不會成功了。

銷售人一定要敢於面對「拒絕」，並且去嘗試讓自己與「拒絕」共舞。對一個優秀的銷售員來說，他要做的應該是不斷地自我激勵，不斷地對自己說：「我行！我行！我可以！」他應該積極努力地去爭取所有能夠讓自己遠離「拒絕」的機會，不斷累積銷售技巧的經驗，成為戰勝「拒絕」的武器，從而成就自己未來輝煌的銷售歷程！

世界最偉大推銷員告訴你，偉大的目標會產生無窮動力，成功

的推銷員正是在這種動力下實現了偉大的目標。要想成為一名優秀的推銷員，就要有一種為推銷癡狂的精神。

世界最偉大推銷員告訴你，推銷不僅僅意味著賣東西，更是賣人品、賣服務、賣觀念和賣愛心。如今的顧客眼光越來越高，要求也越來越高，產品的品質和功能已不再是唯一滿足，客戶更想獲得多種服務和需求，因此，如何讓顧客獲得最大的利益，怎樣能夠幫助顧客解決後顧之憂，以及怎樣用愛心和關心贏得客戶的青睞，就成為推銷員們必備的職業素質。只有做到這些，才能使客戶不會流失，讓生意細水長流地做下去。

敢於承受客戶的屢次拒絕，敢於面對銷售過程中的各種挫折，並將客戶的拒絕轉化為不斷磨煉自己的動力，努力提高自身的素質以及自身的銷售技能。

本書《客戶拒絕就是銷售成功的開始》，是由銷售專家所撰寫，針對推銷員如何解決客戶拒絕而撰寫的專書。首先是，銷售人員要如何與客戶過招才不被客戶拒絕，其次是，在被客戶拒絕之後，要如何處理，才能順利成交。本書既適合從事銷售工作的人士閱讀，也適合商務人士以及對行銷領域感興趣的人士閱讀。

閱讀本書不但可以讓你學會如何克服自我心態，和巧妙化解客戶的拒絕，還可以讓你學會如何成功銷售的一系列技巧。

《客戶拒絕就是銷售成功的開始》

目　錄

第一章　為什麼「客戶拒絕」就是銷售成功的好機會/11

客戶異議，既是成交障礙，也是成交信號。成功的銷售是從接受顧客無數次拒絕開始的。對於客戶拒絕，每位銷售人員都應當視為絕好機會；正確地看待客戶拒絕，掌握處理客戶拒絕的技巧與方法，才能把客戶變成永遠的客戶。

第二章　為什麼客戶會「拒絕」你 / 25

客戶如果提出拒絕，就說明他對你的產品有點興趣；客戶越有興趣，就會越認真地思考，也就越會有提出拒絕的可能，就要真正瞭解客戶拒絕的原因。客戶會願意改變的，只要你的產品帶來的價值大於他改變所付出的代價。

第三章　要先讓客戶喜歡你，再賣產品 / 41

在推銷商品之前，要把自己先推銷出去。優秀的產品只有在具備優秀人品的推銷員手中，才能贏得長遠的市場。親和力、微笑、尊重、真誠以及出色的個人素質都是打動客戶、讓客戶喜歡你的良方。

第四章　強化自己的心態，無畏挫折 / 69

成功人士都是經歷過多次失敗之後才成功的。排除一切藉口，為自己的績效負責，為成功找方法，不為失敗找理由，用百折不撓的精神狀態和堅強的意志戰勝自己，這才是推銷員邁向成功應有的態度。

第五章　做好客戶拒絕的準備 ／ 99

客戶拒絕是多種多樣的，不同顧客會有不同的拒絕。做好處理客戶拒絕的準備，是銷售員戰勝客戶拒絕應遵循的一個基本規則。要作好應付客戶拒絕的心理上的準備，同時作好針對拒絕的策略準備。

第六章　善於察言觀色，瞭解客戶心中的想法 ／ 117

客戶的舉手投足往往反映了客戶內心的真實想法。如果你學會解讀客戶的肢體語言，那你就可以瞭解對方的心思與情緒，瞭解他們真正需要什麼。產品的銷售過程實際上就是銷售員與客戶心理較量的過程，誰先洞悉到對方的心中所想，誰就能在這場較量中佔得先機，誰就有較大的勝算。

第七章　讓客戶無法拒絕的話術 / 145

有好的開場，銷售人員就成功了一半，再加上巧妙的溝通技巧，就能引起客戶的購買慾望。成功的銷售源自語言的藝術。銷售全靠一張嘴，東西再好，銷售人員說不出來，客戶無法得到有效的資訊，最終無法達成成交。

第八章　讓客戶無法拒絕的示範技巧 / 173

一次示範勝過一千句話。成功的產品展示，往往能夠抓住顧客的視線，激發顧客瞭解、參與的慾望，迅速達成交易。讓客戶試用產品，使顧客充分感受到產品的好處和帶來的利益，增強其信任感和信心，一旦購買也不會產生後悔心理。

第九章　千篇一律的討價還價法則 / 193

在銷售過程中，客戶針對價格問題提出各種反對意見，銷售員要認真分析原因，加以解釋，在商談中要儘量多談價值，少談價格。價格問題容易使銷售陷入僵局，銷售員要善用各種銷售技巧，處理價格異議。

第十章　讓客戶無法拒絕你的心理術 / 229

在與客戶打交道時，準確把握來自客戶的每一個信息，有助於銷售的成功。客戶的一舉一動都在表明他們的想法，銷售員要細緻觀察客戶行為，並根據其變化的趨勢，採用相應的策略、技巧加以誘導成交。

附錄：測驗題 ／ 276

透過一系列的測驗題，可瞭解銷售人員的銷售實力，瞭解各級銷售人員的溝通能力狀況，如何提高勸購能力，情緒控制能力狀況，等等，為實施管理、培訓提供建議。

第　一　章

為什麼「客戶拒絕」就是銷售成功的好機會

　　客戶異議，既是成交障礙，也是成交信號。成功的銷售是從接受顧客無數次拒絕開始的。對於客戶拒絕，每位銷售人員都應當視為絕好機會；正確地看待客戶拒絕，掌握處理客戶拒絕的技巧與方法，才能把客戶變成永遠的客戶。

1 沒有異議，就沒有成交客戶

　　客戶異議是指客戶在接受商品推銷過程中針對推銷員、推銷品和推銷活動提出的各種不同看法和反對意見，在任何推銷活動，這都是難以避免的。對此，推銷員必須認真對待和妥善處理，不必驚慌。

　　客戶異議，它既是成交障礙，也是成交信號。

11

首先，客戶說我不需要你的產品，那麼就不會掏錢買你的產品；客戶說你的產品品質不行，如果你不能夠找到有說服力的證據讓客戶相信你們的產品的品質是好的，他也不會購買；客戶說你的產品價格太高了，如果你不能夠讓客戶相信你的產品是物有所值的，他還不會購買；客戶說我已經有了一個選擇，如果你不認真對待他的這種態度，他就不會樂意購買。

有兩句經商格言說明了客戶異議對推銷的重要性。第一句「嫌貨才是買貨人」，就是說嫌你的產品不好的人才是真正的買主；第二句是「褒貶是買主、喝彩是閒人」，就是說挑三揀四的人是真正的買主，反過來說好、叫好的人恰恰不是買主。

這兩句格言表達的是同一個意思，客戶異議實際上就表明客戶對產品的興趣，包含著成交的希望。推銷員對客戶異議的答覆，可以說服客戶購買產品，並且，推銷員還可以透過客戶異議瞭解客戶心理，知道他為何不買，從而有助於推銷員對症下藥。

對推銷而言，可怕的不是異議而是「客戶沒有異議」。不提任何意見的客戶常常是最令人擔心的客戶，因為人們很難瞭解客戶的內心世界。一項調查表明：和氣的、好說話的、幾乎完全不拒絕的客戶只佔上門推銷成功率的 15%。一旦遇到異議，成功的業務員就會意識到，他已經到達了金礦；當他開始聽到不同意見時，他就是在挖金子了；只有得不到任何不同意見時，他才真正感到擔憂，因為沒有異議的人一般不會認真地考慮購買。

推銷員應該歡迎並主動要求客戶提出異議，尊重客戶異議。處理客戶異議是推銷的一部份，更是推銷員義不容辭的職責。從某種

程度上講，推銷的過程就是處理客戶異議的過程。事實上，持有異議的客戶才是真正的客戶。面對推銷，客戶一般不會無緣無故地提出反對意見，如果客戶對某一推銷品無動於衷，毫無興趣，他是不會提出任何異議的。

客戶每每提出異議，表明他對推銷品開始有了興趣。客戶真誠地提出異議實際上也是在幫助推銷員，向推銷員指明離做成生意還差多遠；而推銷員則可以透過異議瞭解到客戶的內心反應，知道客戶對那些滿意，還有那些問題，以便採取對策。如果客戶不說「不」字，推銷術再高也沒有用。因此，推銷員應該歡迎並主動要求客戶提出異議，尊重客戶異議。如果拒絕接受異議，或者對異議一概加以反駁，則是強行推銷的表現，會引起客戶的不信任感，使整個推銷工作毀於一旦。在實際推銷中，有些推銷員害怕客戶提出異議，一碰到異議，就灰心喪氣，認為生意做不成了，推銷員必須克服這種心理障礙。

既然客戶的異議是必然存在的，推銷員在客戶提出異議後，應保持冷靜，不可動怒，也不可採取敵對行為，必須繼續以笑臉相迎，並瞭解反對意見的內容或要點及重點。一般多用下列語句作為開場白：「我很高興你能提出意見」「你的意見非常合理」「你的觀察很敏銳」，等等。當然，如果要輕鬆地應付異議，你必須對商品、公司政策、市場及競爭者都要有深刻的認識，這些是控制異議的必備條件。

冷靜地對待客戶的異議，意味著你理解客戶的心情。明白他的觀點，但並不意味著你完全贊同他們的觀點，而只是瞭解他們考慮

13

問題的方法和對產品的感覺。客戶對產品提出異議，通常帶著某種主觀感情，所以，要向客戶表示你已經瞭解他們的心情，如對客戶說：「我明白你的意思」、「很高興你能提出這個問題」、「我明白了你為什麼這麼說」，等等。

推銷員聽到客戶所提的異議後，應對客戶的意見表示真誠的歡迎，並雙眼正視客戶，面部略帶微笑，表現出全神貫注的樣子，聚精會神地傾聽。另外，推銷員必須承認客戶的意見，以示對其尊重，那麼，當你提出相反意見時，準客戶自然也較易接納你的提議。

推銷員對準客戶所提的異議作出回應時，必須審慎。一般而言，應以沉著、坦白及直爽的態度，將有關事實、數據、資料或證明，以口述或書面方式送交準客戶。措辭須恰當，語調須溫和，並在和諧友好的氣氛下進行洽商，以解決問題。假如不能解答，就只可承認，不可亂吹。

最後要強調的是，推銷員面對客戶的異議要給客戶留「面子」，尊重客戶的意見。客戶的意見無論是對還是錯、是深刻還是幼稚，推銷員都不能表現出輕視的樣子，如不耐煩、輕蔑、走神、東張西望、繃著臉、耷拉著頭等。推銷員切記不可忽略或輕視準客戶的異議，以避免準客戶的不滿或懷疑，使交易談判無法繼續下去。

推銷員不能語氣生硬地對客戶說：「你錯了」「連這你也不懂」；也不能顯得比客戶知道得更多：「讓我給你解釋一下……」「你沒聽懂我說的意思，我是說……」這些說法明顯地抬高了自己，貶低了客戶，會挫傷客戶的自尊心。如果推銷員赤裸裸地直接反駁準客戶，粗魯地反對其意見，甚至指其愚昧無知，則你與準客戶之間的

關係將永遠無法彌補。

　　要有效地處理客戶異議，就必須事先預測客戶可能提出那些異議，並作好回答的準備。同時，回答客戶異議之前，要徹底分析將要回答異議的真實原因。事實上，絕大多數異議的背後都掩蓋著一些別的實質性的東西，客戶口中講出來的異議只是拒絕購買的藉口，推銷員要善於觀察，多提問，瞭解其異議背後隱藏的真實原因，然後對症下藥，予以消除。

心得欄 ------------------------------

----

2 客戶的拒絕，其實就是銷售的開始

　　對於拒絕，每位銷售人員都應當視為一次提升自己的絕好機會。每一次銷售失敗都應當是你再一次成功的開始。大多數銷售人員會有這樣一個感受，即成功的銷售是從接受顧客無數次拒絕開始的。勇敢地面對拒絕，並不斷從拒絕中汲取經驗教訓，不氣餒不妥協，這是銷售人員應學會的第一課。

　　日本世界壽險首席銷售人員齊藤竹之助說：「銷售就是初次遭到顧客拒絕之後的堅持不懈，也許你會像我那樣，連續幾十次、幾百次地遭到拒絕。然而，就在這幾十次、幾百次的拒絕之後，總有一次，顧客將同意採納你的計劃，為了這僅有的一次機會，銷售人員在做著殊死的努力，銷售人員的意志與信念就顯現於此。」

　　一位銷售專家曾經說過：「每一次明顯的銷售嘗試都會造成溝通上的抵制。」人們就是不喜歡成為銷售或干涉對象，尤其是成為一個陌生人的銷售或干涉對象。當他們看到你走過來時，他們不一定總是躲起來，但他們會豎起各式各樣的障礙，甚至可能是一個隱藏他們自然本性的防禦性的面具，為了成功，你必須剝去這層人造外殼。

　　銷售肯定會遭遇抗拒，如果每個人都排隊去買產品，那銷售人員也就沒有作用，頂尖銷售人員也不會被人們所尊重。所以，銷售

遭受拒絕屬於家常便飯。

優秀的銷售人員認為被拒絕是常事，並養成了習慣吃閉門羹的氣度。他們會時常抱著被拒絕的心理準備，並且懷有征服顧客拒絕的自信，這樣的銷售人員會以極短的時間完成銷售，即使失敗了，他們也會冷靜地分析顧客的拒絕原因，找出應對這種拒絕的方法來，待下次遇到類似情況時即可從容應對，成交率也會越來越高。

銷售的秧苗往往是在一連串辛勤的灌溉後，才會開花結果。不要幻想一蹴而就，而應該努力思索如何才能打動準顧客的心，如何能認準顧客的需要，體現你服務的熱誠。因為他的拒絕，你才有機會開口，瞭解原因何在，然後針對缺口，一舉進攻，所以被拒絕不是壞事，反而應該視其為促進你銷售工作的契機。

陳文軍為了拓展服裝店的生意，積極進行著開發活動。他在打算進入一家店面之前，先在店面附近的倉庫出入口觀察情況。這時，他聽到倉庫內傳未了爭吵的聲音，面對這種形勢，陳文軍覺得可能會對銷售十分不利，但既然來了，他還是決定上前和店主打個招呼。

於是，陳文軍上前對店主說：「您好！不好意思耽誤您的寶貴時間，我只是想和您打個招呼而已。我是××服裝公司的陳文軍。」陳文軍邊說邊恭敬地遞上了自己的名片。

當然，陳文軍知道在這種情況下，不可能會銷售成功的，他也只是抱著再來一次的心理。但是令陳文軍意想不到的是，店主看也沒看一眼名片便把它丟在了地上，說：「我不需要你的東西，請走遠點。」

17

見到對方這種態度，陳文軍十分憤怒，但卻壓住了心中的怒火，彎下腰拾起被扔在地上的名片，並且說：「很抱歉打擾您了！」

得知這種情況後，陳文軍的同事都認為這家店一定攻不下來，但是在半個月後，陳文軍還是再度前往拜訪。

來到店中，店主十分不好意思，向陳文軍解釋說自己那天的行為並不是故意的，只是當時心情不好，所以才會作出那種過火的行為。後來，店主還欣然接受了陳文軍的推銷，並且成為了陳文軍的最佳顧客。

可見，成功的銷售人員總是勇於面對顧客的拒絕。實際上，很多時候，被顧客拒絕並不意味著機會永遠喪失。當銷售人員遇到拒絕時，一定要首先保持良好的心態，要理解顧客的拒絕心理，要以頑強的職業精神，不折不撓的態度正視拒絕，千萬不要因此而心灰意冷，放棄這項工作。如果你持之以恆，把所有的思想和精力都集中於化解顧客的拒絕之上，自然就會贏得顧客。

不少銷售人員之所以未能很好地銷售產品是因為他們只是想到自己賣一件產品賺多少錢，如果你只想到自己能賺多少，那你一定會遇到更多的拒絕，你會受到更多的打擊。

我們不是把產品銷售給顧客，而是在幫助顧客，幫助顧客解決困難，提供最好的服務，永遠不要問顧客要不要，而要問自己能給顧客提供什麼樣的幫助。所以要積極正面的心態去看待拒絕是決定你銷售事業成敗的關鍵。

樹立正確的銷售心態是重要的，但更重要的是掌握防止顧客拒

絕的辦法或遭到顧客拒絕後銷售人員應該怎麼辦。銷售人員必須解除顧客潛意識中的排他心理，先入為主，給他留下良好的第一印象。面對顧客的不信任和反感，你不能急於介紹你的產品，而應透過聊天閒談的迂迴戰術來引起顧客的好感，放棄對你的戒備，然後才可以介紹產品。

心得欄　- -
- -
- -
- -
- -
- -

3 正確對待顧客的拒絕

沒有拒絕的推銷不叫「推銷」，是「推銷」就必遭拒絕，「推銷」與「拒絕」有天生的親緣關係，「被拒絕」是推銷生涯的一部份，不管你是否願意，它將永遠與你同行。沒有遭受過「拒絕」的推銷員，絕對成不了優秀的推銷員。優秀的推銷員就是透過無數次「拒絕」的鍛鍊，在「戰火」中成長的。

推銷人員要處理好顧客拒絕，首先要對拒絕有正確的看法與態度。有了正確的態度，才有處理好顧客拒絕的方法和技巧。推銷是相當難的，難在什麼地方？難在顧客的拒絕。當你滿腔熱忱向客戶介紹你的產品，不厭其煩地講解產品的功能和用途時，人家根本不感興趣，一口拒絕，弄得你面紅耳赤，十分尷尬，下不了台。

大多數初入道的推銷員害怕拒絕，一旦被人拒絕，仿佛自尊心受到極大的傷害，心靈受到極大的創傷，羞愧得無地自容，感到極度沮喪。不少人因為不能承受「拒絕」所帶來的心理壓力，不願幹推銷；不少人因為過不了「難堪」、「失面子」這個關，從推銷線上退了下來。只有少數人，由於沒有退路，硬著頭皮挺過來，才過了「推銷必遭拒絕」關。因此，他不但不害怕拒絕，還千方百計與拒絕作頑強的鬥爭。

對生性樂觀的業務人員來說，他們喜歡把銷售工作當成遊戲，

而且認為顧客的拒絕理由正好像競賽過程中的趣事，會增加不少刺激。這就好像打高爾夫球，若失去了各種陷阱障礙，整個比賽就單調乏味多了。對這種典型的推銷人員來說，顧客若不提出一些拒絕理由，整個推銷過程便會顯得無趣。

但是，不管你多怕顧客的反對意見，你真正該擔心的，是那些一點都不表示拒絕的人——他們從頭到尾都稱是，但你可以感覺出來，那只是不願讓你不愉快而已。等你把所有論點講完，他們就會溫和而堅定地拒絕購買。假如顧客不認真地想出一些拒絕理由，他們通常也不會認真地去考慮你推銷的產品。

銷售員之所以被拒絕，原因往往是對客戶瞭解還不夠，或者選擇交易的時機還不成熟。其實，即使真的提出交易的要求被拒絕，銷售員也要以一份坦然的心態來勇於面對眼前被拒絕的現實。做銷售成敗是很正常的，有成功就有失敗，銷售員要學會坦然面對。

有句名言：「上帝的延遲並不等於上帝的拒絕。」被客戶拒絕並不可怕，怕就怕你被拒絕嚇倒，從此一蹶不振。只要不放棄，機會隨時有可能光顧你。99 次的拒絕，可能只為第 100 次的成功。

推銷為什麼那麼容易遭到拒絕呢？

商品或產品，不用勞神費力，就被客戶買去了，那不是「推銷」。需要推銷的商品或產品，一定是比較難賣的東西。一個「推」字，形象地表示了在銷售時要「用力」。俗話說「銷要用力推，推了還不一定能銷」。通常，需要推銷的商品或產品，潛在的客戶只佔總人數的 1%左右。在茫茫的人海中去尋找這 1%的「知音」，碰到拒絕的次數可能是 99 次。你說，遭到拒絕的次數那能會不多呢？

21

4 要把拒絕當作好朋友

　　人們從小會聽到這樣的故事：寶藏常常藏在什麼地方？當然是最難找的地方，而且大多有怪物什麼的守著。銷售也一樣，你要知道，巨大的困難背後，是巨大的收穫，況且你所面對的只是客戶的拒絕而已，沒有怪物。而拒絕你的人中，一部份人將會成為你的朋友，可能拒絕最激烈的那個人，最後會成為你的「貴人」。

　　客戶一提出拒絕，就說明他對你的產品有點興趣；客戶越有興趣，就會越認真地思考，也就越會有提出拒絕的可能。要是他對你的一個個建議無動於衷，沒有表示一絲一毫的想法，往往也說明這位客戶沒有一點購買慾望。

　　重要的是，成熟的銷售員並不把拒絕當作是成交的障礙，而是把拒絕當作朋友。這是銷售界一個重要的觀念——提出拒絕的客戶是你的朋友。的確，如果客戶的拒絕理由沒有得到你滿意的答覆，他就會不買你的東西。客戶提出拒絕看起來阻礙了你的成交，但實際上，如果保能夠恰當地解決客戶提出的問題，讓他覺得滿意，那麼接下來的便是決定購買——成交。

　　既然提出拒絕的客戶是你的朋友，你就應該勇於面對客戶的拒絕。這是擺在每一個銷售員，尤其是新人行的朋友面前的現實問題。拒絕，是客戶對銷售員的一種本能反應。

　　每一個銷售員其實在生活中也是客戶。大家都有過別人給你銷售產品的經歷，也有過你拒絕別人的經歷。但往往你在銷售中被別人拒絕的時候，卻忘記了自己也曾拒絕過別人。

　　很多朋友在被客戶拒絕幾次後，就變得十分沮喪，甚至沒有勇氣再往前邁出一步。這個時候，你是不是該想一想：當別人向你銷售的時候，你為什麼會拒絕別人？任何事情都是「由量變到質變」的過程，量積累到一定的程度才會發生質變。所以，你應該把拒絕看作「量」，把接受看作「質」，可以這樣認為：只有被客戶拒絕到一定程度才會被接受。

　　美國的克裏蒙•斯通是個窮人的孩子，他與母親相依為命。小斯通10多歲時，為保險公司推銷保險是母子倆的職業。斯通始終清醒地記得他第一次推銷保險時的情形——他的母親指導他去一棟大樓，從頭到尾向他交代了個遍。但是他犯怵了。

　　他站在那棟大樓外的人行道上，一面發抖，一面默默念著自己信奉的座右銘：「如果你做了，沒有損失，還可能有大收穫，那就下手去做。」「馬上就做！」

　　於是他做了。他走進大樓，他很害怕會被踢出來。但他沒有被踢出來，每一間辦公室，他都去了。他腦海裏一直想著那句話：「馬上就做！」走出一間辦公室，便擔心到下一間會碰釘子。不過，他還是強迫自己走進下一間辦公室。

　　這次推銷成功，他找到了一個秘訣，那就是：立刻衝進下一間辦公室，這樣才沒有時間感到害怕而猶豫。

　　那天，只有兩個人向他買了保險。以推銷數量來說，他是

失敗的，但在瞭解自己和推銷術方面，他的收穫是不小的。第二天，他賣出了 4 份保險。第三天，6 份。他的事業開始了。

心得欄 --------------------------------

第 二 章

為什麼客戶會「拒絕」你

　　客戶如果提出拒絕，就說明他對你的產品有點興趣；客戶越有興趣，就會越認真地思考，也就越會有提出拒絕的可能，就要真正瞭解客戶拒絕的原因。客戶會願意改變的，只要你的產品帶來的價值大於他改變所付出的代價。

1 客戶為什麼拒絕

　　要想識別客戶真正的意圖，消除客戶的拒絕，就要真正瞭解客戶拒絕的原因。

　　拒絕只是客戶習慣性的反射動作，當客戶不購買的時候，他們會找理由，他往往不會把真正的原因說出來，所以你必須學會發掘客戶拒絕你的真正原因，冷靜地判斷客戶真正的狀況，不被客戶誤

導到一些非真實的理由上，把時間、精力浪費在不可能有結果的異議處理上，進而促成生意成交。通常，客戶產生拒絕有以下幾種情況。

1. 客戶不願改變

大多數的客戶對改變都會產生抵抗，而銷售人員的工作具有帶給客戶改變的含意。例如，從目前使用的 A 品牌轉成 B 品牌、從目前的收入中拿出一部份購買未來的保障等，都是要讓你的客戶改變目前的狀況。有些客戶在接受你的產品之前，喜歡憑過去的經驗、體會來評價產品的優劣。他們憑著養成的固定消費習慣，不易受外界因素的干擾，也不為產品的某一特點所動，很難輕易改變。這時就需要你能打動他們的心，他們一旦對你的產品形成購買動機，同樣也不會輕易改變，或遲或早總會導致購買行動。

客戶是願意改變的，只要你的產品帶來的價值大於他改變所付出的代價；只要你能讓我明白這當中的差異性。

一件商品對顧客來講，不同的顧客有不同的需求，商品也具有不同的價值。作為推銷人員，要根據顧客的心理和商品的價值進行推銷，必要時，還要透過打動顧客，使其改變之前的選擇。這也正是鍛鍊推銷人員能力的時刻，是銷售工作最富挑戰性的一面。

2. 客戶沒興趣

人總是對自己感興趣的問題興致勃勃，事實也證明，人們在對自己感興趣的話題上更容易與對方深入交談，也更樂於投入更多的時間和精力。

所以，銷售人員如果沒能引起客戶的注意及興趣，銷售就往往

會遭到客戶拒絕。

在銷售中，銷售人員不僅要知道怎樣吸引客戶的興趣，還要知道怎樣去滿足客戶的興趣，並一直引導著客戶往前走，這樣才能提升銷售業績。

3. 客戶對銷售人員不滿

銷售人員在面對客戶時，一定要注意自己的一言一行。例如：銷售人員在說明產品時，不要使用過於高深的專門知識，因為那會讓客戶覺得自己可能不會使用，而產生拒絕心理；銷售人員不能為了說服客戶，以不實的說辭哄騙客戶；銷售人員不要說得太多或聽得太少，因為那將無法確實把握住客戶的問題點，而產生許多的拒絕因素；銷售人員不要處處說服客戶，否則會讓客戶感覺不愉快，而提出許多主觀的想法。

作為銷售人員一定要記住：你對客戶的態度會決定客戶對你的態度。在和客戶溝通的過程中，一定要有誠信意識，對客戶的誠信是銷售人員最基本的素質。銷售事業是銷售人員與客人溝通談判的過程，透過與客人的溝通取得信任，進而訂購產品甚至幫助銷售人員推銷產品。

4. 客戶需要不能得到滿足

客戶的需要不能充分被滿足，因而無法認同你提供的產品。銷售人員需要明白一個道理：客戶只選擇他們想要的東西，其他的東西即使是物美價廉，如果他們用不著，那對他們就沒有實際意義。

銷售人員要想真正識別出客戶的意圖，就必須先站在客戶的立場，瞭解對方的想法和需要，找出問題的突破口，才能對症下藥，

實現自己的銷售目標。

無論如何，客戶都有「想要」的渴求，需求目標是客戶產生購買行為的主要源泉。所以，銷售人員要關注客戶的需要，而不是自己的需要。

5.客戶情緒處於低潮

客戶的情緒蘊藏著商機，是激發客戶購買行為的力量，銷售人員準確把握、引導客戶的情緒讓客戶從感情上產生需求，與客戶建立良好而穩定的感情聯繫，將有利於行銷與服務的開展。但是當客戶情緒正處於低潮時，根本沒有心情進行商談，此時就很容易產生拒絕。

有的時候，客戶對外界事物、人物反應異常敏感，且耿耿於懷；他們可能情緒不穩定，易激動。當客戶情緒變化時，通常在對話中透過一些字、詞表現出來，如「太」差了、「怎麼」可能、「非常」不好等，這些字眼都表現了客戶的潛意識導向，表明了他們的情緒狀態，我們在傾聽時要格外注意。這時對待客戶一定要有耐心，不能急躁，同時要記住言語謹慎，一定要避免引起客戶的反感。如果你能在銷售過程中把握住對方的情緒變動，順其自然，並且能在合適的時間提出自己的觀點，那麼成功就會屬於你。

6.客戶隱藏想法

客戶抱有隱藏想法的心態時，會提出各式各樣的拒絕藉口。

⑴資金緊張

許多客戶資金緊張，預算已經花完，但手頭可能還留有一筆備用資金，在特殊情況下是可以動用的。如果對方確實已經把預算花

完了，你的產品宣傳必須極具吸引力，這樣才可能說服對方動用儲備資金。

(2)沒有時間

如果他們的日程表實在已經排滿，要他們改變的可能性就微乎其微。在這種情況下，加深對方對自己的印象是十分重要的。一般情況下，寄一封附有產品說明書的信較為適宜。

7.對原產品供應商比較滿意

如果客戶同其產品供應商合作得比較成功，他就會繼續同這位產品供應商合作，而不會輕易把目光轉向他人。

如果你想同原產品供應商競爭，與這位客戶建立起業務關係，工作將會有一定難度，進行一般性的產品宣傳是很難吸引對方的。你必須著重宣傳你的產品及經營手法的優點，例如利潤高、提供免費廣告宣傳、支付全部或部份產品的特別推廣費用、不好賣可以退貨等。除了技巧性的因素外，你戰勝客戶原產品供應商的唯一辦法就是比對手努力兩倍。

2 找出自己被客戶拒絕的原因

　　客戶如果提出拒絕，就說明他對你的產品有點興趣；客戶越有興趣，就會越認真地思考，也就越會有提出拒絕的可能。要是客戶對你的一個個建議無動於衷，沒有表示一絲一毫的想法，往往也說明這位客戶沒有一點購買慾望。

一、銷售員本身技巧不到位

　　銷售生涯的最大障礙不是價格，不是競爭，不是客戶的抗拒，而是銷售人員自身的缺陷。

1. 對客戶銷售服務的不正確認知

　　一些銷售員輕視銷售職業，認為這個職業地位不高，從事這個行業實屬無奈，感覺很委屈，總是不能熱情飽滿地面對客戶，所以也無法激起客戶的購買熱情。

　　化解方法：正確認識自己和銷售職業，為自己確定正確的人生目標和職業生涯發展規劃。銷售是一個富有挑戰性的職業，需要不斷地為自己樹立目標，並透過努力不斷地實現目標，從中獲得成就感。銷售是一個需要廣泛知識的職業，只有具備豐富的產品知識、銷售專業知識、社會知識等，才能準確把握市場脈搏。

2.對結果的擔憂、懼怕

膽怯、怕被拒絕是新銷售員常見的心理障礙。通常表現為：怕見客戶，不知道如何與客戶溝通；不願給客戶打電話，擔心不被客戶接納。銷售的成功在於縮短和客戶的距離，透過建立良好的關係，消除客戶的疑慮。如果不能與客戶主動溝通，勢必喪失成功銷售的機會。

化解方法：增強自信，自我激勵。也可以試著換個角度考慮問題：銷售的目的是為了自我價值的實現，基礎是滿足客戶需要、為客戶帶來利益和價值；即使被拒絕了也沒關係，如果客戶的確不需要，當然有拒絕的權利；如果客戶需要卻不願購買，那就正好利用這個機會瞭解客戶不買的原因，這對以後的銷售是很有價值的信息。

3.缺乏對產品知識環節的學習掌握

產品知識是談判的基礎，在與客戶的溝通中，客戶很可能會提及一些專業問題和深度的相關服務流程問題。如果銷售員不能給予恰當的答覆，甚至一問三不知，無疑是給客戶的購買熱情澆冷水。

化解方法：接受培訓和自我學習，不懂就問，在學習中把握關鍵環節；千萬不要對客戶說「不知道」。自己的確不知道的要告訴客戶向專家請教後再給予回覆。

4.對客戶購買過程技巧的應用不熟練

具體表現：對產品的介紹缺乏清晰的思路和方法，不能言及重點，無法把產品的利益點準確傳達給客戶；缺乏對顧客心理和購買動機的正確判斷，不能準確捕捉客戶購買的信號，所以往往錯失成

交的良機；急功近利，缺乏客戶管理手段，不能與有意向的客戶建立良好關係。

化解方法：充分瞭解客戶的需求，尋找產品和品牌價值可以給客戶帶來的利益點；理清客戶關心的利益點和溝通思路；多向同事和上級請教，瞭解客戶成交的信號和應該採取的相應措施；學會時間管理，進行客戶分類，將更多的時間投入更有成交可能的客戶；如果不能準確把握客戶的購買心理和動機，就將與客戶的溝通過程告訴你的上司，請他（她）給出判斷。

5.以往不利於職業發展的行為習慣

不良的習慣也是不能促成客戶簽單的重要原因之一。一些銷售員習慣生硬的語言和態度，使客戶覺得不被尊重。一些銷售員不會微笑或習慣以貌取人，憑自己的直覺判斷將客戶歸類，並採取不當的言行。也許他們的判斷是正確的，但這樣做會造成不良的口碑傳播和潛在的客戶損失。

化解方法：保持積極的態度、尊重客戶、做好客戶記錄和客戶分析，發現、總結和改變自己的不良習慣，使客戶樂於和你溝通。

銷售人員與客戶的溝通過程，是客戶進行品牌體驗的關鍵環節，也是消費者情感體驗的一部份。客戶需要深層次瞭解產品情況，作為決策的依據，而銷售員對產品的詳細講解和態度，對客戶的決策有很大影響。銷售人員的行為舉止將影響客戶對企業和品牌的認知程度，是產品銷售和品牌展示的關鍵。

二、銷售員本身的「心理障礙」

妨礙銷售員與客戶最終達成協定的原因有很多，但最為常見的是銷售員自身的心理障礙。這些心理障礙往往阻礙了銷售員的銷售熱情，甚至沒有勇氣提出交易。

要成為一名成功的銷售員，必須克服達成協定時的各種心理障礙。常見的心理障礙有以下幾種：

1. 害怕交易被拒絕，自己有受挫的感覺

這樣的銷售員往往對客戶不夠瞭解，或者，他們所選擇的達成協定的時機還不成熟。其實，即使真的提出交易的要求被拒絕了，也要以一份坦然的心態來勇於面對眼前被拒絕的現實。商場中的成敗很正常，有成功就有失敗。

2. 擔心自己是為了自身的利益而欺騙客戶

這是一種明顯的錯位心理，錯誤地把自己放在了客戶的一邊。應把自己的著眼點放在公司的利益上，不要僅以自己的眼光和價值觀來評判自己的產品，而要從客戶的角度上衡量自己銷售的產品。

3. 擔心自己就像在向客戶乞討似的提出交易

這是另外一種錯位的心理。銷售員要正確地看待自己和客戶之間的關係。銷售員向客戶銷售自己的產品，獲得了金錢；但客戶從銷售員那裏獲得了產品和售後服務，能給客戶帶來的許多實實在在的利益，提高了工作效率，雙方完全是互利互惠的友好合作關係。

4.如果被拒絕，會失去領導的重視，不如拖延

有的銷售員因害怕主動提出交易會遭到客戶的拒絕，從而失去領導的重視。但是銷售員應真正明白，拖延著不提出交易雖然不會遭到拒絕，但是也永遠得不到訂單。

5.競爭對手的產品更適合於客戶

銷售員的這種心理同樣也反映了銷售員對自己的產品缺乏應有的信心。同時，銷售員的這種心理也往往容易導致一些藉口：即使交易最終沒有達成，那也是產品本身的錯，而不是銷售員的工作失誤。這樣的心理實際上恰好反映了銷售員不負責任的工作態度。

6.我們的產品並不完美，客戶日後發現了怎麼辦

這是一種複雜的心理障礙，混合了幾個方面的不同因素。其中包括對自己的產品缺乏應有的信心，面對交易時的錯位和害怕被拒絕的心理。銷售員應該明白，客戶之所以決定達成交易，是因為他已經對產品有了相當的瞭解，認為產品符合他們的需求，客戶也許本來就沒有期望產品會十全十美。

3 顧客拒絕時的行為反應

1. 失約

雖然和顧客約好了見面的時間、地點，可顧客還是失約了。這種情形往往不會是忘記或突然有急事，大多數只是為了逃避，是一種膽怯的作為，但是每一個人都會為自己的行為做很多不實的解釋。遇到這種情形你不可以就敗興而歸，別忘了再留一張字條給他：「在約定的時間前來拜訪，您大概是突然有急事，未能見面，非常可惜，希望我們下次還有機會再見。明天 9 點以前我會打電話和您聯絡。」

2. 面談時間短暫

常常會遇到這類顧客，見面只寒暄幾句就匆匆告辭了，弄得推銷員左也不是右也不是，呆呆地晾在那裏。雖然比完全不出面要好得多，但是，事實上這也是一種非常強烈的拒絕方式，因為有時候是為了某種原因不得不見一面，例如介紹者是一個非常重要的人。

儘管面談的時間極短，至少你已經擁有一次機會了，即使不能在這次的面談中獲得實際的成效，也要給對方留下一個好印象，而且神情必須非常愉快。

3. 拒絕面談

這種拒絕是非常明顯的。如果顧客在家中，會在門口就告訴你

現在沒空，然後砰的一聲，把門關上了。或者在對講機裏報出姓名，對方瞭解來意之後，連見面的機會都不願意給。如果是公司的話，老闆會叫一個秘書來打發你。這樣的情形是推銷員最不願意遇到的，因為不論訪問多少次，結果都是一樣，倒不如先找一個有力的介紹人來介紹，再去拜訪，效果會好一些。

4.久等無人接待

久久地苦等一個人，實在是一件痛苦的事，尤其對推銷員來說，更會煩躁不安。如果你的顧客讓你久等的話，最後往往只有兩種結果產生，一種是乾脆不與你見面，還有一種是即使見了面，馬上就明顯地拒絕你。因為顧客會讓你久等，表示他一點都不關心這件事，不在乎這件事，所以對這個交易你也別抱太大的希望。

5.他人代理接待

如果在單位裏，主要領導不出面，而是讓秘書出面，在家庭中，有決定權的不出面，而是讓其他沒有決定權的成員出面，這說明顧客已經發出拒絕信號了。這樣的情形，對方真正的用意是想要把你趕走，但是又覺得你怪可憐的，所以隨便叫一個人出來應付你一下。

6.讓你移位

如果你正和顧客談得投機，突然有其他人進來了，顧客馬上讓你移位，你只好移位，在一旁乾等。這就說明他已很不在乎你了，這就是拒絕的真實表現。這個時候你應衡量一下狀況，找一個合理的機會，插進去說：「我可不可以把話說完？」如果對方再不給機會的話，你再告辭也不遲。移動座位也表示出對方不想購買的意思。

7.氣氛不對勁

只要稍微用心留意的人，對現場的氣氛都是很敏感的。當推銷員表明來意的時候，對方雖然沒有明顯地說出拒絕，但是從當時的氣氛是可以察覺出來的。

8.心不在焉

顧客正與你談話，卻突然做起其他活來，如果在家裏的話，太太會轉身去洗衣服或者教小孩子做功課。不管怎麼樣，這些舉動都是拒絕的表現。

9.談話中間換了人

顧客正與你談話期間，突然叫來另外一個人與你交談，而他卻起身告辭了。這的確是一件很令人生氣的事情，但也無可奈何，因為這也算是一種非常強烈的拒絕反應。

10.移動座位

顧客正對面與你交談，突然移動座位或站起身來，顯出心事重重或不耐煩的神情，這是告訴你，他不想再談下去了。出現這樣的情形時，幾乎很難再讓他回到原位，靜下心來聽推銷員說明。因此，你必須告辭，別無他法。

4 顧客拒絕的歸類

　　顧客的拒絕多種多樣，千變萬化，我們可以從以下幾個方面做一個簡單的歸類。

1.因推遲拖延而產生的拒絕

　　首先是因為顧客對推銷員推銷的商品不夠瞭解，缺乏信任感。在人們的傳統觀念裏，去商店裏購買的商品總比推銷員推銷的商品更可靠，因此，便有了等一等再等一等，比較一番再比較一番的思想。光聽推銷員的介紹，常常不足以使他們有一個明確的概念，進而判定是否可以購買。

　　從大眾的購買心理而言，新鮮的事物雖然可以使人產生好奇，也使人不敢貿然決定行動，他們希望別人買了，自己再跟進。普遍較低的經濟收入，在某種程度上，也抑制了人們在個人購買方面的消費。

2.因偏見誤解而產生的拒絕

　　出於對陌生事物的疑慮，大眾對直銷式的推銷的接受需要一個過程。就單個人或一個單位而言，如果不斷地受到推銷員的推銷，為了擺脫這種局面，他就會使用一些偏激的反對問題作為拒絕推銷的理由。人們對一件事物的價值判斷往往依照自己以往所具有的價值觀念，例如「推銷的產品無好貨」、「推銷員都是花言巧語、善於

欺騙的高手」等等。他們的心態與個人實際的購買行為並無直接的聯繫,而僅僅表明他們心存疑慮。所以,我們可以說,這類問題大多不具有真實性,它們只是大眾面對推銷的自然反應,只是對陌生事物心存疑慮的一種表述。

3.因不瞭解而產生的拒絕

這類拒絕可以是實質性的,也可以是非實質性的,如「我們不需用這類產品」、「你推銷的這類產品我不瞭解」、「價格太貴了」、「這麼便宜肯定品質有問題」。如果我們認為它是一個真實的問題,它就具有這些問題字面上所表述的含義,我們可以做出富有說服力的回答。但反過來,也可以看出,這些問題所表述的,常常是顧客對推銷的產品沒有興趣或對推銷的婉轉拒絕。實際上,就大眾對推銷的態度而言,都包含了這兩個方面,不管他是否瞭解和熟知推銷這個行業。

由此我們可以知道,對推銷而言,理性的分析是基礎,但要真正使推銷得以達成,感性的渲染才是最重要的,因為富有感染力的解說,可以使顧客把精力集中於一些實際需要解決的問題,使他感到解決這些問題的迫切性,而不是糾纏於一些與此無關的細節之中。

4.因產品本身而產生的拒絕

關於這類問題涉及的面相對比較窄,主要是一些實際操作中的問題,它需要推銷員靈活處理。例如產品品質問題、理賠問題、售後服務問題等。關於產品,單一產品的功能範圍是有限的,需要推銷員針對顧客的具體情況,做出有效的、有利的組合,使產品對顧

客的效用達到最大化。細緻週密的計劃和為顧客著想的心態,可以減少顧客這方面的反對問題或使他們在問題提出後,得到很充分的解決。

5.因支付原因而產生的拒絕

這類拒絕問題比較實際。當然,也有可能只是一種託辭。下面就從該類拒絕問題的性質詳細分類。

· 顯見的問題以及被掩飾起來的拒絕問題。

· 真正的拒絕問題和假造的拒絕問題。

· 主觀的(顧客)拒絕問題和顧客的(產品、業務員、公司等)問題。

· 與推銷有關的和與推銷無關的拒絕問題。

· 隨意捏造的拒絕問題。

· 有正當理由的和有意拖延的拒絕問題。

心得欄 _____

_____

_____

_____

_____

_____

第 三 章

要先讓客戶喜歡你，再賣產品

　　在推銷商品之前，要把自己先推銷出去。優秀的產品只有在具備優秀人品的推銷員手中，才能贏得長遠的市場。親和力、微笑、尊重、真誠以及出色的個人素質都是打動客戶、讓客戶喜歡你的良方。

1 先推銷自己，再推銷產品

　　「要推銷商品之前先推銷自己」。銷售人員推銷自己的重要方法，就是在業務活動中對顧客以禮相待，講究禮儀，否則就會因失禮於人而推銷無望。顧客是挑剔的，他們只向值得信賴、有禮有節的銷售人員購買產品。

　　客戶之所以從你那裏購買商品，是因為他們喜歡你、信任你、

尊重你。在客戶未接受你之前,你與他們談論商品、推銷,他們本能的反應就是拒絕,讓你及早離開。推銷商品,首先要推銷你自己!可以說,賣商品就是賣自己。要想成為一流的銷售員,就要樹立個人品牌。優秀的推銷員首先推銷的是自己。有了充分準備和討人喜歡的個性,有利於建立起友情和信任的紐帶,得到客戶強烈的認同感,隨之而來的則是大量的訂單。

在推銷的過程中,一定要注意一個基本原則:在推銷商品之前,要把自己先推銷出去。客戶雖然喜歡商品,但是他如果不喜歡你這個推銷的人,也很可能不買你的商品。

自我行銷並不是簡單的自我推銷。自我行銷就是提供資訊給那些你所交流的人,以便引發其興趣及創造獲得回應的大好良機。它是行銷的前奏曲、行銷的大門。

優秀的產品只有在具備優秀人品的推銷員手中,才能贏得長遠的市場。

作為一位推銷員,首先要推銷自己,然後推銷公司,再推銷產品,這樣就會容易得多。因此,對於推銷員來說,在與客戶交流時注意要給他們留下好印象,特別是第一印象,這也許會對你的推銷產生很大的影響。

在推銷員和客戶第一次見面時,如何給客戶留下良好的印象是至關重要的。良好的第一印象會使客戶對推銷員心懷好感並久久難忘,這對推銷員與客戶之間感情的溝通大有好處;反之,壞印象則很難改變。但是,推銷員只有一次給客戶留下好印象的機會,因此千萬要把握好這個機會。

　　客戶購買產品時，不僅看產品是否合適，而且非常在意推銷員的形象。客戶的購買意願深受推銷員的誠意、熱情和勤奮精神的影響。調查表明，客戶之所以購買你的產品，尤其是選擇那種品牌的商品，並非是對產品品質先有概念才決定的，而是因為對推銷員的好感。據美國紐約銷售聯合會統計，71%的人之所以從你那裏購買產品，是因為他們喜歡你、信任你、尊重你。一旦客戶對你產生了喜歡、依賴之情，自然會喜歡、依賴和接受你的產品；反之，如果客戶喜歡你的產品但不喜歡你這個人，買賣也難以做成。並且，推銷員只有「首先」把自己推銷給客戶，客戶樂意與推銷員接觸，願意聽推銷員介紹時，才會為推銷員提供一個進一步推銷產品的機會。

　　有些推銷員給人的感覺很不好，一般有以下幾種：

　　性格不開朗的人讓人覺得死氣沉沉，沒有朝氣，一副陰鬱的樣子。客戶一看就掃興，心情也會隨之陰鬱起來，在這種心理狀態下，他是很難產生買你商品的念頭的。

　　有的推銷員初次與對方接觸，就像遇上了 10 年沒見面的老朋友一樣，非常熱情。作為推銷員本人，自以為這是交際特技而洋洋得意，但是，在一般情況下對方對此有種說不出的感受，會對你存有戒心，使你達不到預期的目的。尤其在不瞭解對方脾氣的情況下，這種人初次見面就會使人產生一種老奸巨猾的感覺，眼皮向上翻、皮笑肉不笑、點頭哈腰、誇誇其談等均在此列。

　　向客戶推銷你的人品，最主要的是向客戶推銷你的誠實。現代推銷是說服推銷而不是欺騙推銷。因此，推銷的第一原則就是誠

實，即古人早已教誨過的經商之道：「童叟無欺」，誠實是贏得客戶好感的最好方法。客戶希望自己的購買決策是正確的，希望從交易中得到好處，害怕蒙受損失。客戶在覺察到推銷員說謊、故弄玄虛時，出於對自己利益的保護，就會對交易活動產生戒心，結果可能使推銷員失去那筆生意。

溝通中，信心是首選的，也就是說話，推銷人員應當口齒清楚、發音有力又容易聽懂，這是使聲音有魅力的前提條件。所謂有魅力的聲音，是指語調溫和、言詞通達，使人樂於傾聽，感覺溫暖的聲音。

除了語言，推銷員還要善於用自己的眼睛去捕捉——也就是仔細地用自己的眼睛去觀察一個人的辦公室及其財富——這將會有助於自己更好地瞭解客戶的情況，並且能夠幫助你推銷成功。

你的舉止、言談、神態，都可能是你成功與否的關鍵所在。客戶對你個人的第一印象，其實也是客戶對你所代表的公司的第一印象，千萬不能不拘小節。否則不僅會損害了你自己的形象，同時也損害了公司的形象。

銷售是一個被認可的過程，首先要讓對方認可自己，只有對銷售人員認可了才有第二步，然後就是要讓對方認可公司，認可產品。

任何一個創造優秀業績的推銷員都是一個能被客戶接受和認可的推銷員。所以，要想取得卓越的銷售業績，就要從現在開始，約束自己的行為，讓自己成為最能被客戶接受的人。修煉自己，培養能幫助自己成為優秀推銷員的好習慣，努力提升自己的個人修養，向世界上最偉大的推銷員學習銷售之道，這樣才能在老闆和客

戶之間更好地生存。

對推銷員來說，主要的問題是在接近客戶時就能有一個良好的開始。顧客對銷售人員的第一印象，就決定了他是否要繼續跟這個銷售人員合作和交往下去。

第一印象很重要，就像相親，如果不穿戴整齊，精神還萎靡不振，那麼一切都完了。客戶對推銷員的第一印象很重要，你的穿著、舉止、言談、神態，都可能是你成功與否的關鍵所在。客戶對你個人的第一印象，其實也是客戶對你所代表的公司的第一印象，千萬不能草率行事。否則，不僅會損害你自己的形象，同時也損害了公司的形象。第一印象很重要，就像相親，如果不穿戴整齊，精神還萎靡不振，那麼一切都完了。

做銷售的人，都知道這樣一句話：先銷售自己，再銷售產品。是的，在賣產品之前，先把自己賣出去，讓客戶接受自己，然後再賣產品。要做到這一點，銷售人員就要從自己的一舉一動做起，時刻注意自己的形象，學會如何更為優雅、得體地把自己的完美形象呈獻給客戶，讓客戶認可自己，進而認可自己的產品。

在銷售過程中，有的銷售人員一見到客戶就迫不及待地向客戶介紹說明商品，這樣的做法反而會引起客戶的防衛。客戶第一個接觸的是銷售人員，如果銷售人員跟客戶說你的產品的品質、產品的服務、產品的價值是一流的，而銷售人員本身是三流的，客戶會認為你的產品是一流的嗎？當然不會。

銷售的要點首先是銷售自己，以自身做銷售，自己就是自己的金字招牌。「客戶不是購買商品，而是購買銷售商品的人」，你銷售

45

任何產品，首先要將自己先銷售出去。客戶不喜歡滔滔不絕地說詞，更不喜歡銷售人員誇大其詞的欺騙式銷售，而欣賞真實、自然、坦誠的建議者。銷售高手都懂得首先把自己的魅力與美好人格銷售出去，都不忘「先銷售自己」。

在客戶未接受你之前，你與他們談論產品、銷售，他們本能的反應就是推諉、拒絕，讓你及早離開。正如勃依斯公司總裁海羅德所說：「只有留給人們良好的印象，你才能開始第二步。」客戶之所以從你那裏購買或與你成交，是因為他們喜歡你，信任你，尊重你。向客戶銷售產品前先銷售自己，就是讓客戶喜歡你，信任你，接受你。

銷售的根本在於銷售自己，在客戶對你產生信任的時候，你就成功了。誠實、有責任感、心態良好是一名優秀銷售人員的必備素質。客戶不可能與他不信任的人成交，銷售技巧、廣告、宣傳、售後服務，這些都是贏得客戶信賴的一種途徑，但所有的基礎都源自於銷售人員內心的誠實與積極態度。所有的銷售高手都是先銷售自己，再銷售產品。在你能成功地把產品銷售給客戶之前，你必須把自己先銷售給別人；而要能成功地把自己銷售給別人，必須先把自己百分之百地銷售給自己。

只要你願意從現在開始為自己定下具體可行的銷售目標，做好充分的銷售準備、培養良好的銷售習慣、合理地安排自己的時間，不斷嘗試，不斷行動，不停止地付出，在最短的時間內採取最大量的行動，成功就一定指日可待。

2 推銷員本身要有親和力

　　成功的銷售人員都具有非凡的親和力，他們非常容易博取客戶對他們的信賴，他們非常容易讓客戶喜歡他們，接受他們。換句話說，他們會很容易跟客戶成為最好的朋友。

　　許多的銷售人員行為都建立在友誼的基礎上，我們喜歡向我們所喜歡、所接受、所信賴的人購買東西，我們喜歡向與我們具有友誼基礎的人購買東西，因為那會讓我們覺得放心。所以，一個銷售人員是不是能夠很快地同客戶建立起很好的友情基礎，與他的業績具有絕對的關係。

　　親和力的建立同一個人自信心和自我形象有絕對的關係。什麼樣的人最具有親和力呢？通常，這個人要熱誠，樂於助人，關心別人，具有幽默感，誠懇，讓人值得信賴，而這些人格特質跟自信心又有絕對的關係。

　　人是自己的一面鏡子，你越喜歡自己，你也就越喜歡別人，而越喜歡對方，客戶也越容易跟你建立起良好的交流基礎，自然而然地願意購買你的產品。實際上他們買的不是你的產品，他們買的是你這個人，人們不會向自己不喜歡和討厭的人買東西。

　　世界上最成功的頂尖銷售人員都具有親和力，也容易跟客戶建立良好關係，都是容易和客戶交上最好朋友的人。至於那些失敗的

銷售人員，因為他們自信心低落、自我價值和自我形象低落，所以，他們不喜歡自己，他們討厭自己，當然從他們的眼中看別人的時候，就很容易看到別人的缺點，也很容易挑剔別人的毛病。他們容易討厭別人，挑剔別人，不接受別人，自然而然地他們沒有辦法與他人建立起良好的友誼。這些人缺乏親和力，因為他們常常看他們的客戶不順眼，他們常常看這個世界的許多人都不順眼，他們的親和力低落，因為他們的自信心和自我價值低落，自然他們的業績也就低落。

在銷售行業中，銷售人員在以潛在客戶的某位朋友介紹的名義去拜訪一個新客戶的情況下，這個新客戶要想拒絕銷售人員是比較困難的，因為他如果這樣做就等於拒絕了他的朋友。當你以這種名義去拜訪一位潛在新客戶時，你已經從一開始就獲得了50%的成功機會，因為，你們之間已經存在了某種程度的親和力了。所以，學習如何以有效的方式和他人建立良好的親和力，是一個優秀的銷售人員所不可或缺的能力。

心得欄 _____

_____

_____

_____

_____

_____

3 微笑是最好的通行證

　　和客戶第一次接觸時，臉上有燦爛的笑容，往往能夠讓客戶放鬆對銷售人員的戒備。沒有幾個人會拒絕笑臉相迎的銷售人員，相反人們只會拒絕滿臉陰沉，顯得十分專業的銷售人員。

　　著名銷售人員喬・吉拉德說，有人拿著 100 美金的東西，卻連 10 美金都賣不掉，為什麼？你看看他的表情。要推銷出去東西，自己面部表情很重要：它可以拒人千里，也可以使陌生人立即成為朋友。

　　在處理客戶異議的時候，臉上同樣要掛著笑容。因為此刻的笑容代表銷售人員的自信，自信有能力圓滿地解決問題，自信能夠讓客戶滿意。當對顧客要求表示拒絕時，臉上同樣要有笑容。此刻的笑容表示銷售人員很認同客戶的觀點，但是確實無能為力，希望客戶能夠體諒。

　　當達成交易與客戶道別時，臉上還是要有笑容。此刻的笑容表示，銷售人員十分感謝客戶的購買，對商談的結果十分滿意。

　　當未達成交易和客戶道別時，臉上理所當然地要有笑容。此刻的笑容表示雖然沒有達成交易，銷售人員感到有些遺憾，但是買賣不成友誼在，以後肯定還有合作的機會。

　　有些銷售人員在推銷的過程中，容易受到情緒的控制。當客戶

對成交要求表示不滿，提出新的要求時，他們容易顯示出失落的表情。這種表情如果被客戶捕捉到，極容易被利用來控制銷售人員。在這樣的時刻，銷售人員不妨臉上掛著笑容，微笑地對客戶說「不」。雖然不能直截了當地拒絕客戶的要求，但可以說「我認為」之類的話。

人是很容易被感動的，而感動一個人靠的未必都是慷慨的施捨、巨大的投入。往往一個熱情的問候，溫馨的微笑，也足以在人的心靈中灑下一片陽光。

笑可以增加你的面值。喬‧吉拉德這樣解釋他富有感染力並為他帶來財富的笑容：皺眉需要 9 塊肌肉，而微笑，不僅用嘴、用眼睛，還要用手臂、用整個身體。

威廉是美國推銷壽險的頂尖高手，年收入高達百萬美元。他成功的秘訣就在於擁有一張令客戶無法抗拒的笑臉。但那張迷人的笑臉並不是天生的，而是長期苦練出來的。

威廉原來是美國家喻戶曉的職業棒球明星球員，到了 40 來歲因體力日衰而被迫退休，而後他去保險公司應徵做銷售人員。

他自以為憑他的知名度理應被錄取，沒想到竟被拒絕。人事經理對他說：「保險公司銷售人員必須有一張迷人的笑臉，但你卻沒有。」

聽了經理的話，威廉並沒有氣餒，立志苦練笑臉，他每天在家裏放聲大笑上百次，鄰居都以為他因失業精神失常了。為避免誤解，他乾脆躲在廁所裏大笑。

經過一段時間練習，他去見經理，可經理說還是不行。

威廉沒有洩氣，繼續苦練，他搜集了許多公眾人物迷人的笑臉照片，貼滿屋子，以便隨時觀摩。

他還買了一面與身體同高的大鏡子擺在廁所裏，只為了每天進去大笑三次。隔了一陣子，他又去見經理，經理冷冷地說：「好一點了，不過還是不夠吸引人。」

威廉不認輸，回去加緊練習。一天，他散步時碰到社區管理員，很自然地笑了笑，跟管理員打招呼，管理員說：「威廉先生，您看起來跟過去不太一樣了。」這話使他信心大增，立刻又跑去見經理，經理對他說：「是有點意思了，不過仍然不是發自內心的笑。」

威廉仍不死心，又回去苦練了一陣，終於悟出「發自內心如嬰兒般天真無邪的笑容最迷人」，並且練成了那張價值百萬美元的笑臉。

心得欄

4 見面時，大聲說出客戶的名字

記住客戶的姓名，讓他感受到你對他的尊重與重視，這在無形中會為成交加分。

銷售人員每天要跟許許多多的人打交道，對於這些人，你不應該見過就忘了，連人家的名字和樣子也想不起來，這樣的話，你絕對無法成為成功的銷售人員。姓名雖然只是一個個體的符號，但卻無比重要，如果你想透過別人的力量來幫助自己，首先要尊重別人的姓名。

有一位高級時裝店的老闆說：「在我們店裏。凡是第二次上門的，我們規定不能只說『請進』。而要說：『請進！先生(小姐)。』所以，只要來過一次，我們就存有檔案，要全店人員必須記住他的尊姓大名。」

如此重視顧客的姓名，不但便於時裝店製作顧客卡，掌握其興趣、愛好，而且使顧客倍感親切和受到尊重，走進店裏有賓至如歸之感。因此，老主顧越來越多，更不用說生意愈加興隆了。

作為一名銷售人員，如果你是第二次拜訪同一客戶，就更不應該說：「有人在嗎？」而該改問：「××先生在嗎？」

說出對方姓名是縮短銷售人員與顧客距離的最簡單迅速的方法。記住姓名是交際的必要。而交際等於銷售人員的生命線，所以

怎麼能不記住顧客的姓名呢？

　　當然，你不僅要記住客戶姓名和電話號碼，還應該記住那些秘書的姓名以及相關人員的姓名。每次談話，如果你能叫出他們的名字，他們便會高興異常。這些人樂意幫助你，常常給你的推銷帶來很多方便。

　　但是有些人對記不住別人的姓名似乎毫無辦法，讓人感到不可理解。他們為何不做些扎扎實實的工作呢？只要用心去記，不斷地重覆，記住別人的姓名和面孔，不會有多困難的。

　　拓展人脈很關鍵的一點就是記住對方的名字，因為對任何人而言，最動聽、最重要的字眼就是自己的名字了。

　　羅斯福總統認為，贏得好人脈的最重要的方法，就是記住別人的名字，使人感到被重視。曾經發生過這樣一件事：

　　克萊斯勒公司為羅斯福製造了一輛汽車。當汽車送到白宮的時候，一位機械師也去了，並被介紹給羅斯福。這位機械師很怕羞，躲在人後沒有同羅斯福講話。羅斯福只聽到他的名字一次，但當他們離開的時候，羅斯福找到這位機械師，和他握手，並叫著他的名字，謝謝他到華盛頓來。機械師深受感動，數年以後還經常提起他。

　　拿破崙三世（即拿破崙的侄子）曾自誇說，雖然他國事很忙，但他能記住每一個他所見過的人的姓名。所以你要知道，記不住別人的名字，「忙」是最蹩腳的藉口。

　　當你走在陌生人群中，突然聽到有人呼喚你的名字，什麼感受？興奮！假如這個能叫出你名字的人是曾經向你銷售過某種商

品的人，這絲毫不影響你的愉快情緒，只能加深你對他的印象。真心地向客戶求教，是使客戶認為在你心目中他是個重要人物的最好辦法，既然你如此看得起他，他是不會不給你面子的。

安德魯·卡內基被譽為鋼鐵大王，但他本人對鋼鐵生產所知無幾，他有幾百名比他懂行的人在為他工作。他致富的原因之一是怎樣利用客戶的名字來贏得客戶的好感。

一次，安德魯·卡內基想把鋼軌出售給賓夕法尼亞鐵路公司，於是，他在匹茲堡造了一座大型鋼鐵廠，並取名為「愛德格·湯姆森鋼鐵廠」。當時，那家公司的總裁是齊·愛德格·湯姆森，這樣，當賓夕法尼亞鐵路公司需要鋼軌的時候，就只從卡內基的那家鋼鐵廠購買。

很多銷售員都感歎自己的人脈不夠好，但如果你問他有那些客戶，都叫什麼名字，他肯定答不上來。試想，連客戶的名字都記不住，誰還敢跟你做生意？

當然，記住客戶的名字，並不是一件輕而易舉的事，需要下一點功夫，還得有一套行之有效的方法。

記住別人的名字有時相當困難。也許某人能在短時間之內注意100張面孔，卻無法同時記住100個姓名。在宴會中，主人總是匆匆忙忙地介紹每位客人，往往你還沒來得及注意，已經介紹完了，這樣便無法分析姓名及其特徵。有時候只得請介紹者介紹得慢一點。若是可行的話，你不妨主動走到別人面前對他說：「剛才介紹得太快了，我實在無法記住你的名字。我叫XX，你呢？」這樣你就有機會記住對方的名字，並且試著找出這個人的特點。

當把注意力集中在對方的面孔時，儘量找出有關的記憶特徵。人有多方面的特徵，有外形的特徵，如眼睛特別大，鬍子特別多，前額很突出……也有職業上的特徵、名字上的特徵等。把這些特徵聯繫起來，記住名字就沒有那麼難了。要找出特殊之處，譬如「濃眉」、「塌鼻子」、「焦紅的頭髮」或者有傷痕。就像卡通或漫畫最能將個人獨特之處借簡單的兩三筆線條表示出來似的，假如能發展這種能力，對識人本領將有莫大的幫助。

找出姓名的特色可從下面三點考慮：一是這個名字是否與眾不同或很有趣？二是這個名字是否很普通？三是名字和你所看到的面孔配不配？

最重要的是把注意力放在名字上。假如你聽到一個名字能夠把它以句子的形式覆述出來，對記憶將大有幫助。把注意力直接放在姓名上，並且把名字和面孔進行比較，有助於把姓名和面孔聯繫在一起。

心得欄 _____

_____

_____

_____

_____

_____

5 用真誠感動對方

　　用微笑來征服你的客戶，這是世界上最簡單的方式，微笑的感染力無所匹敵，它可以直通人心，即使是冷漠的心也會禁不起微笑的誘惑。透過微笑，不僅能消除客戶的戒備心，而且還能增強自己的親和力，使自己更有人緣。

　　一個人保持快樂的心態，不僅能讓自己感到愉悅，還能感染他人，讓身邊的人同樣感到愉悅。微笑就像一張助人走向事業成功的通行證。作為一名銷售員，請你不要吝嗇展現自己自信而真誠的微笑。在工作中，要隨時把「曼狄諾定律」運用其中，用發自內心的微笑創造業績！

　　銷售人員應該記住這樣一句話：「形象就是自己的名片。」心理學中有一種心理效應叫作「首因效應」，即人與人第一次交往中給人留下的印象在對方的頭腦中形成並佔據著主導地位的一種反應，也就是我們常說的「第一印象」。第一次見面給對方的印象會根深蒂固地留在對方的腦海裏，如果你穿著得體，舉止優雅，言語禮貌，對方就會心生好感，認為你是個有修養、懂禮儀的人，從而願意和你交往；如果你服飾怪異、態度傲慢、言語粗俗，對方就會認為你是個沒有修養、不求上進的傢伙，從而心生厭惡，不願意和你接觸。即使你下次改正了，也難以重獲對方的好感，這就是首因

效應的作用。

　　一個合格的銷售人員在與客戶交往的過程中，首先要用自己的人格魅力來吸引客戶。在銷售過程中，銷售人員應該爭取給客戶留下良好的「第一印象」，博得客戶的好感和認可。心理學家認為，由於第一印象的形成主要源自性別、年齡、衣著、姿勢、面部表情等「外部特徵」，所以在一般情況下，一個人的體態、姿勢、談吐、衣著打扮等都在一定程度上反映出這個人的內在素養和其他個性特徵，對方會對其作出最基本的判斷和評價。因此銷售人員在初次面見客戶的時候，一定要把自己最優秀、最美好的一面展現出來，使自己先得到客戶的認可，然後再推銷產品。如果客戶對你的印象不好，即使你的產品再好，也會把對你的厭惡牽扯到商品上。

　　比伯是一位銷售新人，他的工作是銷售各種防盜門窗。上班的第一天，老闆就交給他一個很重要的任務，讓他到一個很有錢的客戶家裏推銷防盜門。在此之前已經有 5 位很有經驗的銷售人員去過，但都沒有成功。

　　比伯非常緊張，想著自己剛剛入行，沒有經驗，當他站在客戶的家門口時，手腳都在不由自主地發抖。但他還是摁了門鈴。一位中年婦女打開門，聽他結結巴巴地做完自我介紹後，請他進了屋。比伯在那兒待了兩個多小時，喝掉了十幾杯茶，在那兩個多小時的時間裏，比伯憑著他的謙恭、禮貌、真誠和可愛贏得了那位女士的信任，並最終談好了這筆生意。他沒有口若懸河地誇誇其談，沒有和客戶談折扣，沒有用花言巧語來蠱惑客戶，也沒有表現得低三下四、唯唯諾諾或者趾高氣揚、

57

目中無人，僅僅靠自己正直的人格，換取了客戶的喜歡和信任。

在這之前，那位女士已經打發走了 5 位防盜門窗的銷售人員，而且他們的開價都比比伯的低。但是她為什麼偏偏選擇和比伯簽單呢？原因其實很簡單，那位女士說：「這個小夥子敦厚的表現讓我放心，我喜歡這個小夥子。」

給客戶留下了良好的第一印象是比伯成功的關鍵。假如你能夠被客戶喜歡，那麼你就已經成功了一半。心理學研究發現，與一個人初次會面，45 秒鐘內就能形成第一印象。而且這最初的印象能夠在對方的頭腦中形成並佔據著主導地位。銷售人員一旦給客戶留下不好的印象，就很難再糾正過來，畢竟很少有人會願意花更多的時間去瞭解、證實一個留給他不美好的第一印象的人，而是願意去接觸那些給自己留下好印象的人。

有些客戶表面可能很冷漠，你一次兩次三次拜訪他都不合作，但是或許你再堅持一下就能成功，客戶可能不光在比較你的產品，更是在考察你的人品，所以要學會去感動客戶。你能感動客戶，就是成功了一大半。

傑米是一名純淨水銷售人員，為了銷售桶裝純淨水，他每天騎著自行車奔波在城市的大街小巷、公司廠礦。最初的一個月，他只銷售出去 16 桶。他的底薪很低，只有象徵性的 300 元，收入主要是賺取效益薪資，每銷售出一桶純淨水提成 0.5 元錢。

第二個月，他聯絡到 32 個用水客戶，並不理想。

第三個月，他依然滿懷信心地奔波著。這天，他騎著自行車，馱著一桶純淨水去給 5 公里外的一家居民送貨。用水居民

家只有一位坐在輪椅上的老婦人。他幫助老人將水桶裝到飲水機上，等待老人簽收的時候，老人家的電話響了。他透過交談瞭解到，老人家來了外地客人，客人因為不知道老人家的具體位置，讓去車站接，而老人的兒子卻出差在外，保姆又剛剛出去買菜，老人很是為難。傑米自告奮勇，表示他可以去車站接客人。他連忙下了樓，到車站將客人接了回來。

一週後，他不斷接到老婦人居住的那座樓住戶的訂水電話。兩週後，老婦人的兒子打來電話，表示他所在公司決定為每間辦公室訂水。此後，不斷有新的訂水電話打來，說都是那些用水客戶介紹來的。

第四個月，他的銷售業績突增到 600 多桶。他想自己應該感謝老婦人，便來到老婦人家，表示感謝。老人笑著對他說道：「你應該感謝的是你自己。因為你幫助了我，我就將你介紹給了我的鄰居和我做經理的兒子，建議他們都用你的水，因為像你這樣的人，一定是品德高尚的人，是一個值得信任的人。」

半年後，傑米已經擁有了 4840 個用水客戶，每個月都能夠銷售出近 8000 桶水，公司為此配了兩輛送水汽車。他的出色業績也讓他被提升為區域銷售經理，底薪達到 3000 元。傑米僅僅為客戶代接了一次客人，便獲得了半年內業績驟增的機遇。

在銷售過程中，銷售人員良好的品格、高尚的情操會引發客戶對你的好感和改變對你的看法，進而也對你的產品產生興趣，甚至介紹親朋好友來購買你的產品，擴大你的客戶群，增加你的銷售數量。

6 關心客戶

　　一天，松下幸之助去一家電器商店看望一位老朋友。這位朋友不斷抱怨生意難做，說:「真不知道我這個小店還能維持多久！為什麼您的生意越做越大，無論景氣不景氣您都能賺錢，有訣竅嗎？」

　　「做生意的訣竅，無非一個『信』字，然後用心去做。」松下說。

　　「我這個人一向很講信用，從不賣質次價高的產品，這一點想必你是知道的。說到用心，我也想過一些促銷辦法，就是生意不見起色」。

　　松下含笑道:「是這樣嗎？」

　　這時，一個小孩蹦蹦跳跳跑進來，說:「伯伯，我買一個燈泡，要 40 瓦的。」

　　朋友停止談話，轉身取出一個燈泡，在燈座上一試，是好的，然後交給小孩，收錢。小孩又蹦蹦跳跳跑出去了。

　　松下看著遠去的小孩，問朋友:「平時你都這樣做銷售的嗎？」

　　「是的。有什麼不對嗎？」

　　「這樣做是發不了財的。」

「為什麼？」店主驚訝地問。

松下說：「這樣銷售太不用心了！那孩子來買燈泡時，你為什麼不多跟他聊幾句呢？例如：『小朋友，上幾年級了？長得可真高啊！』

「拿燈泡給他時說：『回去告訴媽媽，如果燈泡不好用，就來退換，好不好？』孩子將話帶回去，他們全家都知道這兒有一個很熱情的店主，下次買電器，肯定來找你。」

朋友頻頻點頭，覺得確有道理。

松下又說：「還有，那孩子蹦蹦跳跳跑出去時，你為什麼不提醒他走慢些呢？萬一燈泡因此損壞，他家裏人即使不來找你，也會對你的商店留下不好的印象吧！」

店主恍然大悟，頓時明白松下為什麼能成為大商人，為什麼能在景氣和不景氣時都能賺錢的原因了。

要想成為優秀的銷售人員，就要主動與客戶多說話、抓住機會和客戶進行感情交流，達到和客戶心靈溝通的目的，讓客戶感到他不是在向自己銷售，而是在關心自己、想著自己，要為自己提供方便。只有這樣才能博得客戶的好感和信任，取得成功的機會。

1940 年，布萊恩‧邁耶出生於美國華盛頓特區。1962 年大學畢業後，他進入一家貿易公司任區域銷售總裁，3 年後他轉入保險行業。由於他人際交往廣泛，業績直線上升，1972 年正式成為美國百萬圓桌協會會員。

布萊恩在銷售過程中總是盡力地鼓勵和讚美客戶，使客戶感到溫馨，把他當成知心朋友。十幾年來，他因業務關係而結

識的朋友不下數百人，而且大部份都保持著聯繫。

　　有一次，布萊恩去拜訪一位年輕的律師，但律師對布萊恩的介紹和說明絲毫不感興趣，對布萊恩本人也顯得格外的冷漠。但布萊恩在臨離開他的事務所時不經意的一句話，卻意外地使律師的態度來了個 180 度大轉彎。

　　「巴恩斯先生，我相信將來你一定能成為這一行業中最出色的律師，如果你不介意的話，我希望能和你保持聯繫。」

　　這位年輕的律師馬上反問他:「你說我會成為這一行最出色的律師，我怎麼敢當？」

　　布萊恩非常平靜地對他說:「幾個星期前，我聽過你的演講，我認為那次演講非常精彩，可以說是我聽過的最出色的演講之一。這不僅僅是我一個人的看法，出席大會的其他會員也是這樣評價你的。」

　　這些話聽得年輕的律師巴恩斯眉飛色舞，興奮異常。布萊恩早已看出他內心的興奮，於是乘勝追擊，不失時機地向他「請教」如何在公眾面前能有這樣精彩的演講。於是，這位律師興致勃勃地跟布萊恩大講了一通演講的秘訣。

　　當布萊恩離開他的辦公室時，他叫住布萊恩說:「布萊恩先生，有空的時候希望你能再來這裏，跟我聊聊。」

　　幾年後，年輕的巴恩斯果然在費城開了一間自己的律師事務所，成為費城少有的幾位傑出律師之一，而布萊恩則一直和他保持著非常密切的往來。在與巴恩斯交往的那些年裏，布萊恩不時地對他表示關心與信心，而他也時時不斷地拿他的成就

與布萊恩分享。

　　在巴恩斯的事業蒸蒸日上的同時，布萊恩賣給他的保險也與日俱增。他們不但成了最要好的朋友，而且透過巴恩斯的牽線搭橋，布萊恩結識了不少社會名流，為他的銷售工作儲備了許多有價值的潛在客戶。

　　每個人的內心都渴望被尊重、讚美和關懷。一個懂得關懷別人的銷售人員，一定是一位合格的銷售人員。

　　一位銷售人員上門為客戶銷售化妝品，誰知女主人說：「我不需要什麼化妝品。」

　　「有什麼理由嗎？」

　　「讓我說原因有點困難，況且我也不想說給你聽，你也解決不了我的問題。」

　　「那倒不一定，您不妨說出來看看。我銷售的這種產品確實不錯，很適合您這個年齡段的人使用，幾乎就是為您設計的。」

　　「我都老了，也沒有什麼心情打扮自己，請到別處銷售吧。」

　　「我看您心中肯定有什麼不愉快，是受委屈了吧？您買不買產品沒什麼，但這種心態可不好，這會影響您的工作、生活，也會影響您的健康。人不管遇到什麼挫折都要勇於面對，要微笑著生活才對，您說是嗎？」

　　聽到這樣勸慰的話客戶流了眼淚，把自己心中的苦惱向她認為值得信賴的銷售人員和盤托出。原來她在一次機關減員中被裁下來，幾次應聘也都沒有結果，心中覺得十分苦惱，根本無心梳妝打扮，此時一聽到銷售人員是來銷售化妝品，更是觸

動了她的心病。

　　銷售人員聽客戶說完後，便現身說法，說自己也是一位女工，也是想不通，找工作也是四處碰壁。她的鄰居是一家著名公司的銷售人員，很熱心地鼓勵她，於是她便開始了銷售生涯，現在她從事這項工作已有兩年了，逐漸適應了新的工作，也取得了一定的成就。

　　經過這一番溝通，客戶向這個銷售人員打開了心扉，銷售人員也成功地做成了這筆生意。

　　如果銷售人員真誠地鼓勵和關心客戶，不僅能激勵客戶，還會使客戶有一種滿足感和成就感，並將銷售人員當成知心朋友或者一世的朋友，這將對銷售工作有不可估量的推動作用。

　　日本有家地方性報社——《佐賀報》，它在鄰近的福岡縣大報社的競爭夾縫中經歷 110 年沒有被擠垮，靠的就是對客戶充滿熱情的服務和處處為客戶著想的真心誠意。

　　佐賀北臨日本北海，南接太平洋，是典型的海洋性氣候，經常下雨給報紙的郵送帶來了很大的困難。《佐賀報》的一位業務員說：「下雨天送去濕漉漉的報紙實在說不過去。」所以，凡是陰雨連綿的早晨，每位《佐賀報》的讀者都會收到一份用塑膠袋細心包裹的報紙。《佐賀報》對讀者的這份真誠和溫馨，是它歷經百年而不倒的經營秘訣。

7 守時是最基本的要求

　　見客戶的時候，不能稍遲，最好提前 10 分鐘到達會場，靜候一下，然後準時出現，既定的約會時間到了，一定要離去，除非客戶允許多作逗留，一方面要尊重客戶的時間，另一方面又可顯示出自己的時間有限。商界人士，最忌諱的便是遇上了一個採用「纏」字訣的銷售員，如果養成了這個不知進退的壞習慣，將會很快被排斥。

　　有一次鄭先生想買一台電腦，和一位銷售員約好下午 2 點半在銷售員的辦公室面談。鄭先生是準點到達的，而那位銷售員卻在半小時之後才趾高氣揚地走了進來。

　　「對不起，我來晚了。」他說：「我能為你做點什麼？」

　　「你知道，如果你是到我的辦公室做銷售，即使遲到了，我也不會生氣，因為我完全可以利用這段時間幹我自己的事。但是，我上你這兒來照顧你的生意，你卻遲到了，這是不能原諒的。」鄭先生直言不諱地說。

　　「我很抱歉，但你知道我正在街對面的餐館吃午飯，那兒的服務實在太慢了。」

　　「我不能接受你的道歉。」鄭先生說：「既然你和客戶約好了時間，當你意識到可能遲到時，應該拋開午餐前來赴約。是

我，你的客戶，而不是你的胃口應該得到優先考慮。」

　　儘管那種電腦的價格極具競爭性，也毫無辦法促成交易，因為銷售員的遲到激怒了客戶。更可悲的是，這位銷售員竟然想不通為什麼會失去這筆生意。

　　守時是社交的禮貌。推銷員跟客戶約好時間，就不能遲到。常有的推銷員約會遲到了，就振振有詞地說：因為堵車、因為臨時有電話、因為出門前有訪客……這些都不是理由。你已經與客戶約好了時間，就不能遲到，因為這是失禮的行為，而且在商場上，如果遲到了，必然因此喪失合作的機會。

　　要想成為一個優秀的推銷員，必須要守時，守時是最基本的禮貌，是你對客戶最基本的尊重。不守時的人是得不到別人的信任的，交易成功也就無從談起。

　　推銷員成功的秘訣在於守時，有時間觀念，這是一種信用。

心得欄 _____

_____

_____

_____

_____

_____

8 出色的個人素質

作為一名推銷員，時刻要面臨起起落落的變化，要想保持精神的愉悅而不被打倒，很重要的一點就是：訓練出出眾的個人素質！只有具備了良好的個人素質，在推銷過程中遇到挫折或者考驗時，才能夠使客戶對你另眼相看。

一個優秀的推銷員必須具備出眾的耐性、心理素質和隨機應變的特徵，而這些正是一位優秀推銷員必備的個人素質。動不動就火冒三丈和灰心喪氣的人，是幹不好推銷工作的。

一位推銷員到寧波的一家公司去推銷，剛進門，該公司的部長要開會，這個部長很傲慢，打了個手勢，「你等我一下，散會後我們再談。」說完就開會去了。

這時候，推銷員的心理犯了嘀咕，但他的第一反應不是能不能將這筆生意做成功，而是如何將他的囂張氣焰打下去。

25分鐘左右，部長出來了，見面就說：「我只有15分鐘的時間，很緊，你有什麼事就快說吧。」說完，向椅子上一坐，接著腿蹺到了桌子上。

這陣勢如何談生意？如果當時是你在場，你會憤慨嗎？你會扭頭就走嗎？如果你這樣做了，正中對方下懷，他會笑話你的懦弱和怯於挑戰。而這位推銷員的個人素質顯然是一流的，

他既沒怒形於色，也沒默默忍受，而是如何讓對方把蹺在桌子上的腿放下來。這位推銷員說：「陳部長，您開了這麼長時間的會，一定很累，我們先不談生意，您先喝杯水休息一下。」接著給他倒了一杯水送了過去，並故意把水端到了他的面前，但沒有放下去。

最後是這位推銷員贏了這場心理戰，這位部長坐不住了，急忙把腿放下，站了起來，雙手把水接下，「吳經理，我們屋裏談。」那次兩人聊了足有 40 分鐘，最後不僅生意做成了，兩人還成為很好的朋友。

原一平先生年輕時因為家境貧困、被逼無奈涉足推銷。在最艱難的時候，他覺得自己前途茫茫、孤苦無助，已無法再堅持下去了，好在他善於進行自我心理調節，硬是靠頑強的毅力走過這段艱難時刻，熬過這段低谷期後，很快找到了推銷的快樂。

出眾的個人素質來自艱難困苦的生活打磨，只要你能在困苦生活中有意識地訓練自己的耐性、信心、熱情……只要你能挺過這段黎明前的黑暗，那麼你的個人素質就會得到全方位的昇華。當你再遇到這種考驗的時候，你就會很自然地對自己說：「最黑暗的時刻我都經歷過，這點考驗算得了什麼！」坦然，就是你出眾的個人素質最直接的體現。

沒有信心，則一事無成。如果你自己都不相信自己，也就很難指望別人會相信你。你相信你能幹好，是一位敬業的、優秀的推銷員，那麼你就能克服一切困難，幹好你的工作。

第 四 章

強化自己的心態，無畏挫折

　　成功人士都是經歷過多次失敗之後才成功的。排除一切藉口，為自己的績效負責，為成功找方法，不為失敗找理由，用百折不撓的精神狀態和堅強的意志戰勝自己，這才是推銷員邁向成功應有的態度。

1 不要自己找藉口

　　銷售員不要從錯誤中給自己找懈怠的藉口，而應該在裏面找出下次成功需要的正確方法。如果你去接近成功人士，你就會發現，他們都是經歷過那麼多的失敗之後才成功的。面對失敗時的兩種選擇，決定了你日後的成功與否，一個是為了下一次的成功去總結失敗的教訓與找出成功的方法；一個是為自己失敗找尋一大堆的藉口

與理由來解釋自己的失敗。好像失敗總是別人的過錯，不關自己的事，這種怨天尤人、推卸責任的態度是在逃避現實。

一位銷售員曾這樣總結自己：「我在過去做了好幾份不同的工作，換了好幾家不同的公司，每一次總是滿懷信心地開始，但一旦業績不好，就怪公司不好，或是怪訓練不好，或是說是產品太貴不好賣，或是怪這些顧客太低級沒水準。我絕不檢討自己到底犯了什麼錯，所以同樣的錯誤總是一犯再犯，就這樣找藉口，找理由，找了好幾年。後來，我見過好多這樣的人，冬天業績不好怪天氣太冷，所以不能去行動；夏天怪天氣太熱，不適合去行動；或怪春節放假太長，不能行動，或怪秋天風太大，又不適合行動，所以1年都沒有行動。也有人說到了一個新市場，環境不熟，朋友不多，知名度不夠等理由，來解釋自己為何業績不好。還有人說家裏有事，父母有事，資金不足，身體不好，時機未到等許多理由來告訴自己，之所以不能行動，都是因為這樣或那樣理由。」

「我知道我同他們其實沒什麼分別，為自己前幾年的工作經歷和態度感到慚愧。」

不見得每一個人一次嘗試就能成功，每個人都有犯錯的時候，別人可以原諒你，自己不能原諒自己，不能為自己找台階，必須告訴自己錯在那裏，不再重覆犯錯，必須持這種態度。態度的改變，代表做事方式即將改變，行為一旦改變，結果自然會改變。面臨失敗時，該怎麼做，取決於你的一念之間。聰明的人不在於不犯錯誤，而在於不犯同樣的錯誤。失敗是有意義的，它的意義在於讓人從中

吸取教訓，走向成功。

　　排除一切藉口，為自己的績效負責，為成功找方法，不為失敗找理由，這才是推銷員邁向成功應有的態度。在每一次未能達成理想結果時，一定要進行研究，不斷找尋新的方法來實踐，不斷修正自己的步伐，就會一次比一次更進步、更理想。

心得欄 ------------------------------

----

2 強化心理素質，不怕打擊

即使露宿公園，也要始終堅信自己會成為最優秀的銷售員。

從事銷售活動的人，可以說是與「拒絕」打交道的人。在現實生活中，不會有客戶見到銷售員上門來推銷商品時，會笑容可掬地出門相迎說：「歡迎歡迎，您來得正好」、「真是雪中送炭」，隨後便主動付款成交。果真如此，就用不著銷售員了。銷售員從舉手敲門、客戶開門、與客戶的應對進退，一直到成交、告退，每一關都是荊棘叢生，沒有平坦之路可走。

銷售員在面對日復一日的拒絕時，如果沒有頑強的鬥志和必勝的信念，免不了會產生「太受打擊了，我實在是堅持不下去了！」的逃避思想。要想戰勝這種逃避心理，除了銷售員自己給自己鼓氣外，別無良策。

銷售員應該相信自己一定能夠戰勝工作中遇到的一切失敗！如果在困難面前，銷售員沒有頑強的信心去面對，那最終也只是一個失敗者。

信念的力量是巨大的，要想成為一個成功的銷售員，首要前提就是要把自己看成第一，堅信自己能勝過其他所有對手，從而振奮精神，努力工作！

推銷員最怕的就是心理太脆弱，稍一有挫折、遭遇失敗或客戶

的嘲諷、貶低就會經受不住，動搖繼續推銷的念頭。其實，沒有一個推銷員沒有經歷過打擊和失敗，關鍵是在面對失敗和挫折時，成功的推銷員都能用百折不撓的精神狀態和堅強的意志戰勝自己。

3 業務員要精神抖擻、激發熱情

　　銷售人員首先自己要興奮，要有激情，才能對他所銷售的產品表達得好。你必須真誠地熱愛銷售工作，你必須真誠地熱愛你銷售的商品或服務，如果連自己都不喜歡，憑什麼讓客戶喜歡？

　　如果沒有熱情，最好就不要從事銷售。愛默生曾經說過，缺乏熱情，就無法成就任何一件大事。熱情是指一種對學習、生活、工作和事業的熾熱感情，它是一種積極的精神狀態。熱情是一個人全身心投入事業的基本前提，有熱情才有動力，高度的熱情往往表現為激情。但激情持續的時間往往比較短，而熱情持續的時間比較長。

　　推銷事業是充滿熱情的人從事的終生職業，當熱情消退時，他的推銷事業也就走向了衰退。熱情對於銷售員來說之所以重要，就在於推銷事業的性質。銷售員要想成功推銷商品，首先就必須突破客戶的戒備和防範，將這種戒備和防範轉化為信任。

　　對於銷售員而言，沒有一開始就相當成功的先例，開始進行推銷工作的人基本上都是相當失敗的，只有隨著時間的推移，經驗的

日積月累，推銷人員才開始有所建樹。這種一開始就有的挫折往往使那些沒有多少熱情的人們打了退堂鼓，最後堅持留下來的人基本上是兩類：一類是習慣了這種生活方式的人；一類是始終有著飽滿的熱情而最後取得成功的人。

　　同時，對於銷售員來說，所進行的事業是人和人的溝通，心和心的交流。銷售員要想獲得成功首先必須用自己的熱情去感染對方。熱情能夠感染人，由熱情散發出來的活力與生機、真誠與自信，一定能感染客戶，引起客戶的共鳴。試問如果一個推銷人員缺乏熱情、面無表情，始終冷冰冰的，那麼誰會願意去接近他，誰又會願意讓他接近？

　　日本銷售冠軍原一平就時刻保持激情。在客戶面前，他從來不會像一塊木頭，只顧介紹產品。而是經常讓客戶體驗產品，拿出銷售員的看家本領，百分之百地投入進去。原一平知道，只有自己心動了，客戶才會心動。

　　銷售員光有熱情的想法是不夠的，怎樣才能把這種積極心態表現出來，讓客戶看得見你的熱情，才是每位推銷員認真思考並付諸行動的。因為客戶需要的是對他們有所幫助的積極態度。行動比言語更能打動人心。一些積極的行為模式可以幫助銷售員將積極心態從外在上表現出來。

　　銷售冠軍原一平的經驗是讓客戶看見熱情。當銷售員表現出熱情時，銷售員的感情具有很大的感染力，它會促使客戶作出購買的決定。

　　當然，熱情地對待銷售工作還要學會欣賞自己，學會欣賞自己

的產品，學會欣賞客戶。欣賞自己的工作是一種巨大的動力。銷售員對自己那份工作的欣賞程度，對銷售員週圍的人來說是顯而易見的，尤其對客戶來說，你的積極的態度反映出對對方的尊重，而客戶對你的尊重和信任也恰恰透過你的熱情而獲得。

　　銷售員如果能始終以熱情飽滿的精神來對待工作，讓其處於精神的興奮和被認可狀態，便可達到事半功倍的效果，取得更好的銷售業績。熱情是能夠傳染的，用熱情來銷售，把發自內心的熱情傳遞給你的客戶，那麼在客戶的心中，你一定是個優秀又可親的推銷員。

心得欄 _____

_____

_____

_____

_____

_____

4 邁出行動的第一步，加速搶訂單

做推銷員一定要具備敏銳的眼光，敏銳地發現客戶和競爭對手，準確地分析客戶的需求，迅速找到與競爭對手的差距和自身優勢。一旦確定了目標，就要馬上採取行動，第一時間與客戶溝通，牢牢地抓住客戶，切莫對自己的行動和客戶持有懷疑的態度。行動最有說服力。銷售員需要用行動去證明自己的能力，證明自己的價值，需要用行動去真正關懷客戶，需要用行動去完成銷售目標。如果一切計劃、一切目標、一切願望只是停留在紙上，不去付諸行動，計劃就不能執行，目標就不能實現。

在談到如何成功賣出自己的第一輛汽車時，「世界最偉大的推銷員」喬‧吉拉德說：「在 1963 年 1 月份之前，我是一個建築師，蓋房子。我蓋了 13 年房子，我賠得一無所有，什麼都沒了。銀行把我從家裏趕了出來，把我太太和兩個孩子都趕了出來，還沒收了我和我太太的車。第二天，我去了汽車經銷店，叫他們給我一份工作。老闆嘲笑我說：『我不能僱你，正值隆冬，沒有那麼多生意。如果我僱了你，其他助理推銷員肯定會生氣的。我們不能僱你。順便問一下，你賣過車嗎？』『沒有，可我賣過房子。』他說：『那就更不能僱你。』我告訴他：『你只要給我一部電話、一張桌子。我不會讓任何一個跨進門來的客戶

流失，並且我還會帶來自己的客戶，我會在兩個月內成為你們這裏最棒的推銷員。』他答應了，給了我電話和桌子。就這樣，我一天打了八九個小時的電話。那天我一直工作到晚上 8 點 50分。我兌現了承諾，沒有漏掉一個跨進門的客戶。我賣出了第一輛車。過了 3 年，我就成了『世界上最偉大的推銷員』。」

雖然訂單的數量成了許多銷售人員不堪忍受的「包袱」，但是身為銷售人員，你不能甩掉這個「包袱」，或者逃避，應該勇敢地承擔起它，向訂單挑戰。例如，你可以對自己說：

「每天只向 5 個人推銷，態度誠懇，感情真切，我相信，即使能力平平，也可以做好推銷！」

「我不再像以前那樣只考慮有沒有人簽單，而是問：『今天見了幾個人？沒關係，今天沒單，總有一天會有的。』」

「他會答應我的，只是不在今天。別急，千萬別急，急了他反而不簽了。」

「好了，我可以集中精力跟明天的顧客談。」

這樣學會在工作的點滴中體會成就感，就不會感到有太大的壓力。

優秀的銷售人員往往都不排斥挑剔的客戶和艱巨的任務。雖然要求嚴格的客戶會使許多銷售人員因此產生不滿情緒，並抱怨運氣不佳或實力不濟，但正是因為對手的「苛刻」，給了這些銷售人員們創造更大成功的機會。

不論是在那一種行業，如果你想成為一位優秀的銷售員，或是一位成功的創業家，就不要再被動地等客戶上門了。安逸的時代已

經過去，你一定要主動走出去開發市場，發掘潛在的客戶。

銷售員都應該認清這樣一個現實：大多數商品的市場都是一塊大小固定的蛋糕，你切到的多，別人切到的就少，這和打仗時的士氣一樣，正所謂此消彼長。也正是因為這樣，銷售市場的競爭才會如此的激烈。銷售員如果不知道搶佔先機，率先佔有市場，只能眼睜睜看著蛋糕被別人切走。這個時候，再痛心疾首，再奮起直追，為時已晚了。

現在時代不同了，社會生活日新月異，人際關係日趨複雜，生存競爭異常激烈，要想參與競爭並獲得勝利，就得敢於爭取，敢說敢幹。當然，這種「爭」和「搶」必須是在遵守國家法律、法規的前提下，按照公平的遊戲規則進行的。

老實的銷售員不爭不搶，他們也不善於表現自己，自己的優點和能力常常不為人所知，給人的印象也很平常，既引不起領導的注意，受不到同事的稱讚，也得不到客戶的認同。在一個群體或團隊裏有他不多‧缺他不少，處於可有可無的境地。提拔重用肯定與他無緣，加薪晉級也可能沒有他的份，他長期處於底層銷售員的位置。不僅如此，還經常會被那些善於競爭的同行搶了生意，不得不吃「生存空間」的「悶虧」。

老實的銷售員不敢主動參與競爭，往往是等人家下了手才敢動。這時候先機已經被別人搶了，步入後塵的人永遠不可能有什麼非凡的業績。

老實的銷售員「怕」字當頭，害怕受到傷害，害怕承擔風險，做什麼事都瞻前顧後，畏首畏尾，不敢爭不敢搶。不知道維護自己

的正當利益，一味忍讓，逆來順受，始終處於一種躲避退讓、被動挨打的地位。

在競爭異常激烈的銷售領域，被動就會被市場淘汰，主動就可以佔據優勢地位。主動是為了給自己增加機會，增加鍛鍊自己的機會，增加實現自己價值的機會。社會、公司只能給銷售員提供道具，而舞台需要自己搭建，演出需要自己排練，能演出什麼精彩的節目，有什麼樣的收視率決定權在自己，而不是別人。

推銷員要想取得更好的業績，就要比別人先行一步，佔據主動地位，主動佔領市場，只有搶佔先機，才不會錯失良機。佔據主動搶訂單，應是推銷員養成的習慣。

有的銷售員認為客戶會主動提出成交要求，因此，他們等待客戶先開口。這是一種嚴重的錯誤。絕大多數客戶都在等待銷售員首先提出成交要求。即使客戶主動購買，如果銷售員不主動提出成交要求，買賣也難以成交。

在很多的實例中，我們發現一個有趣的現象。當我們詢問那些沒有被打動的客戶，他們為什麼沒有進一步產生購買行為，讓我們吃驚的是他們回答說「銷售員沒有請求我們這樣做」。在銷售過程中，你的產品說明、展示及解決客戶拒絕等只是你的輔助工具，目的是用來和客戶達成協定的，而有的銷售員在實際中卻容易忽視這一點。客戶的購買是由多種因素組成的，你的說服已經起了效果但自己卻不知道，一直在等待客戶點頭同意，結果白白放棄了成交的好機會。

5 立即行動

　　不要等待從你站的地方開始行動，不管什麼辦法，只要能用就行。

　　成功的根本在於行動，沒有行動再偉大的理想也只能是癡人說夢。行動擺平一切，「馬上行動」是成功推銷員無悔的選擇。

　　王永慶 15 歲小學畢業後，就到一家小米店做學徒。1 年以後，他用父親借來的 200 元錢做本開起了一家小米店。為了和隔壁那家日本米店競爭，王永慶著實費了不少心思。

　　在當時，加工大米的技術還不像現在這樣先進，比較落後。每次出售的大米裏都混雜著米糠、沙粒等，各家店主對此不聞不問，消費顧客對此也習以為常。可正是這一點，讓王永慶多了一個心眼，他每天加班加點將每次即將出售的大米中的雜物一點一點地揀乾淨。他的這一做法一傳十十傳百，十裏以外的顧客也都紛紛來購買他店裏的大米。

　　王永慶看到自己雖然花費了一點時間，但是大米的銷售量卻翻了一番。為了發展自己的事業，他決定為了節省顧客的時間，親自送米上門。他在一個本子上詳細記錄了顧客家有多少人、1 個月吃多少米、何時發薪等。算算顧客的米該吃完了，就送米上門；等到顧客發薪的日子，再上門收取米款。

　　每次他給顧客送米時，先幫顧客將米倒進米缸裏。如果米缸裏還有米，他就將舊米倒出來，將米缸刷乾淨，然後將新米倒進去，將舊米放在新米的上面。這樣，米就不至於因存放時間過久而發黴變質。他這個一連串有條不紊的舉動令不少顧客深受感動，人們都鐵了心專買他的米。

　　王永慶始終站在顧客的角度上，以有計劃、有目的的行動完善著一個粗糙的時間管理，他用一套井然有序的行動為自己的事業贏得了寶貴的市場。憑藉著自己的不懈努力，王永慶的事業蒸蒸日上，最終成為台灣的「塑膠大王」，擁有幾十億美元的財產。

　　有一位成功者，許多人問他：「你這麼成功，曾經遇到過困難嗎？」

　　「當然！」

　　「當你遇到困難時如何處理？」

　　「馬上行動！」

　　「當你遇到經濟上或其他方面的重大壓力時呢？」

　　「馬上行動！」

　　「在婚姻、感情上遇到挫折或溝通不良的話呢？」

　　「馬上行動！」

　　「在你人生過程中遇到困難都這麼處理嗎？」

　　「是的——馬上行動！」

　　他只有一個答案。

　　做推銷工作的人，一定要腳踏實地，及早做好每一件準備工

作——那怕在別人眼裏是微不足道的事情，也要馬上行動。

行動是實現一切目標的原動力。推銷員最容易染上的可怕習慣，就是遇事明明已經計劃好、考慮過甚至已經作出決定了，卻仍然畏首畏尾、瞻前顧後、不敢採取行動，造成他們對自己越來越沒有信心，不敢決斷，終於陷入失敗的境地。

很多推銷員喜歡訂計劃，在週密、工整的計劃中獲得部份滿足。但是如果不能將計劃變為行動，在若干年後看到這張紙只會感到深深的失落，尤其是當同時起步的同行已經實現了夢想的時候。

有的推銷員說：「我知道今天該做這件事，但是今天我情緒不好、狀態不好，這件事肯定做不好，還是以後再說吧。」於是他開始拖延。他把該做的事放在一邊，該拜訪的客戶放到一邊，該談生意的時機放在一邊。於是，本該到手的訂單因為沒有及時行動而泡湯，本屬於自己的客戶因為沒及時抓住而流失。

推銷員應該反思一下，有多少想法，多少好的打算，都被你閒置起來了呢？原因僅僅是因為你的決定沒有得到有目的的實際行動的支援。

這是一個極為簡單的道理：再偉大的思想與熱情都得付諸實踐。事實上，當你在不斷嘗試、不斷行動之後，其實你已經擁有了一種使人生最有效率的習慣。所以，不要再坐等天上掉訂單了，你需要立即付出行動。

要想成為一個出色的銷售員，成天在家裏或辦公室裏想著要如何開拓客戶，如何說服他們，如何成交是沒有用的。想要成功，必須採取行動，也就是走出去，去尋找你的客戶。

6 銷售前要做好充足的準備

　　銷售之前，沒有充分的工作計劃和準備是不可想像的。作為一名銷售人員，誰是你的顧客，他住在那裏，做什麼工作，有什麼愛好，你如何去接觸他……這所有的問題，都必須事先瞭解清楚。你還要瞭解行業，瞭解競爭對手，瞭解自己的短期目標和長期目標。有計劃、有準備才能取得最後的勝利。

　　作為一名銷售人員，在拜訪客戶時，通常在頭天的晚上就要做好心理準備，設計訪問的方式以及預期訪問的效果。然而，有的時候出門時卻常常會忘記帶最不引人注意又最為重要的東西。出門前沒有注意到，直到與客戶談好生意，臨到簽合約時才發現，沒有合約書，或鋼筆沒有墨水了等。對於一個作風嚴謹的企業管理者來說，面對這種情況取消與你的這筆生意是很有可能的，因為他可能把你的行為看成是你的企業管理的品質低下，銷售人員去談生意不帶合約書、品質證書……這不只是一個笑話，對於銷售工作來說，它還是一次相當重大的責任事故。

　　瑞恩在一家大型公司做銷售人員，他的每一次銷售都非常成功。不僅僅是因為他具有豐富的產品知識，關鍵是每次在拜訪前，他都做了充分的準備，對客戶的需要非常瞭解。在拜訪客戶以前，瑞恩總是掌握了客戶的一些基本資料。瑞恩常常以

打電話的方式先和客戶約定拜訪的時間。

今天是星期四，下午 4 點剛過，瑞恩精神抖擻地走進辦公室。他今年35歲，身高6英尺，深藍色的西裝上看不到一絲的皺褶，渾身上下充滿朝氣。

瑞恩從上午 7：00 就開始了一天的工作，他除了吃飯的時間，始終沒有停過。5：30 瑞恩有一個約會。為了利用 4：00～5：30 這段時間，瑞恩便打電話，和客戶約定拜訪的時間，以便為下星期的銷售拜訪預做安排。

打完電話，瑞恩拿出數十張卡片，卡片上記載著客戶的姓名、職業、地址、電話號碼資料以及資料的來源。卡片上的客戶都是居住在市內東北方的商業區內。

瑞恩選擇客戶的標準包括客戶的年收入、職業、年齡、生活方式和嗜好。

瑞恩的客戶來源有三種：一是現有的顧客提供的新客戶的資料；二是瑞恩從報刊上的人物報導中收集的資料；三是從職業分類上尋找客戶。

在拜訪客戶以前，瑞恩一定要先弄清楚客戶的姓名。例如，想拜訪某公司的執行副總裁，但不知道他的姓名，瑞恩會打電話到該公司，向總機人員或公關人員請教副總裁的姓名。知道了姓名以後，瑞恩才進行下一步的銷售活動。

瑞恩拜訪客戶是有計劃的。他把一天當中所要拜訪的客戶都選定在某一區域之內，這樣可以減少來回奔波的時間。根據瑞恩的經驗，利用 45 分鐘的時間做拜訪前的電話聯繫，即可在

某一區域內選定足夠的客戶供一天拜訪之用。

正是因為瑞恩準備充足，所以每一次行銷都非常成功。

銷售人員真正和客戶面對面的時間是非常有限的，即使你有時間，客戶也不會有太多的時間，實際上大多數時間是用在準備工作上的。做好準備工作，能讓你最有效地拜訪客戶，能讓你在銷售前瞭解客戶的狀況，幫助你迅速掌握銷售重點，節約寶貴的時間，計劃出可行、有效的銷售計劃。

心得欄 _____

_____

_____

_____

_____

_____

7 推銷員不能「愛面子」

　　推銷員總難免被客戶拒絕，這對於新手來說是比較難以接受的。但再成功的推銷員也會遭到客戶的拒絕。問題在於優秀的推銷員認為被拒絕是常事，並養成了吃閉門羹的習慣，他們會時常抱著被拒絕的心理準備，並且懷著征服客戶拒絕的自信。這樣的推銷員會以極短的時間完成推銷，即便他失敗了，他也會冷靜地分析客戶的拒絕方式，找出應付這種拒絕的方法來，待下次再出現這類拒絕時，就會胸有成竹了。這樣長此以往，他所遭到的拒絕就將越來越少，成功率就會越來越高。

　　有些銷售員新手缺少被客戶拒絕的經驗，盲目地認為：「我的產品物美價廉，銷售一定會一帆風順。」「這家不會讓我吃閉門羹！」盲目地往順利的方面幻想，根本沒有接受拒絕的心理準備，這樣銷售時一旦交鋒，便會被客戶的「拒絕」打個措手不及，落荒而逃。

　　還有的銷售員一旦被客戶羞辱了，乾脆就和客戶動手，這種不能忍辱負重的推銷員也做不好推銷工作。這樣的推銷員有著強烈的自尊心，很看重自己的顏面，稍微受點委屈、遭受譏諷，就覺得顏面掃地，對客戶表示強烈不滿甚至爭吵。不能忍辱負重，絕對會對他的推銷事業造成某種程度的影響。這種不能忍辱負重的推銷員不管走到那裏，都不能忍氣、忍苦、忍怒，一遇到不利情形時，他總

是像困獸一般要發作、要逃避、要抗拒。

真正聰明的推銷員，對任何不如意的事都能坦然面對，能屈能伸。一些有經驗的銷售員經常說：「沒有好脾氣就幹不了推銷。」這種說法倒不難理解。銷售員每天要面對不同的客戶，可能會遇到各種情況：被人拒絕，被人指責，甚至被人奚落，如果沒有一個好脾氣，恐怕就很難適應推銷工作，更別說打動客戶，達成交易了。

其實，「好脾氣」就是指推銷員與客戶商談時能夠適當地控制自己的情緒，不急不躁，自始至終一直以一種平和的語氣與客戶交談，即使遭受客戶的羞辱也不以激烈的言辭予以還擊，反而能報之以微笑。這樣一來，客戶往往會被銷售員的這種態度打動，因此好脾氣的銷售員才能創造出更好的業績。而一些銷售員往往不能控制好自己的脾氣，如果得罪了客戶，生意自然也就做不成了。

銷售新人應該明白，做銷售工作，被拒絕如家常便飯，因此，不應因愛面子而亂發脾氣。

推銷員要學得臉皮厚一點，不要因客戶的一次拒絕就認為自己無能，對產品和自己失去信心。被客戶拒絕是推銷員經常遇到的事，並不會有損顏面。客戶對產品沒有需求、拜訪時機不當或者其他原因，都可能使客戶拒絕推銷員。因此，面對客戶的拒絕，推銷員不要因臉皮太薄而輕易放棄成交的機會。

8 擺脫懦弱：勇敢敲開顧客的門

剛剛步入銷售行業的新人，在面對陌生人，準備開口說話時，經常會因為緊張，將準備好的問候語或開場白一下子忘得乾乾淨淨。這時候，他們會特別羨慕那些能夠和陌生人侃侃而談的成功銷售員。

其實，每一個從事銷售工作的人最初都會有恐懼感，如果更進一步問他們到底怕什麼，他們會說：「我只是害怕，自己也不知道為什麼。」「我一向就不願和陌生人打交道。」「跟陌生人做銷售，人家煩我怎麼辦？」「和人家非親非故而去打擾他，如果對方一拒絕，我怎麼辦呀？」「我晚上睡覺前還挺有決心，天一亮就不敢了。」答案雖然各不相同，但是對自己沒有信心，害怕被拒絕，是推銷員不敢邁出第一步的主要原因。

每個推銷員都有夢想，但絕大多數的夢想都被擱淺，主要原因就是缺乏勇氣，想為而不敢為，結果一事無成。每個推銷員的工作中，都會經歷許多害怕做不到的時刻，因而畫地為牢，使無限的潛能化為有限的成績。銷售員在面對陌生人時，經常試圖逃避。其實，只要鼓起勇氣，勇敢地邁出第一步，以後的推銷工作就不會覺得困難了。

銷售工作會遇到各種各樣的環境，接觸到不同的客戶群，因此

要想成功，就必須要有無畏的精神。作為一名銷售員，如果屈服於外在的壓力，反而會產生更大的負面影響，由此產生的結果往往是避之不及的。例如，如果害怕被客戶拒絕，銷售員就會擺出屈尊俯就的姿態，而這恰恰是客戶所厭惡的；在害怕失敗的時候，銷售員會因為喪失自信而表現得更加差勁。在對自身能力有充分的認識和把握之前，銷售員必須要面對、克服這些畏懼心理。

做銷售也是同樣的道理，銷售員要「挑戰」是「敢」的精神，敢作敢當，敢於失敗，敢為人先，也就是無所畏懼，勇往直前。銷售員要想作出業績，就要有一定的膽識，敢於擔風險、勇於闖難關的無畏精神。不敢打開那扇緊閉的門，只能永遠在門外徘徊，永遠獲取不到成為英雄的真正意義，也永遠邁不出通向成功之路的第一步。

沒有人能夠完全擺脫怯懦和畏懼，最幸運的人有時也不免有懦弱膽小、畏懼不前的心理狀態。但如果使它成為一種習慣，它就會成為情緒上的一種疾弊，它使人過於謹慎、小心翼翼、多慮、猶豫不決，在心中還沒有確定目標之時，已含有恐懼的意味，在稍有挫折時便退縮不前，因而影響自我設計目標的完成。

怯懦者總是不敢大膽地去做一些事情，逐漸形成低估自己的能力，誇大自己的弱點的習慣，再沒有信心去處理本來能夠處理好的事情。要克服這一弱點，就要借助氣勢的激勵。對性格怯懦的人來說，要學會用自我打氣、自我鼓勵、自我暗示等方法來培養自己無所畏懼的氣勢。要善於發現和肯定自己的長處與成績，提高對自我的評價和信心。

　　克服恐懼看起來非常困難，但改變卻在一念之間。其實，生活中有很多恐懼和擔心完全是由我們內心裏想像出來的，想要驅除它必須在潛意識裏徹底根除。即使剛開始時很困難，只要咬緊牙關，慢慢深入下去以後，你會發現，其實事情並不像你想像的那樣艱難。只要成功了幾次，你一定會增強勇氣和自信心的。

　　怯懦是弱者的勁敵，少一份怯懦，就會多一份前程。而消除怯懦的唯一辦法就是行動、行動、再行動。如果你想成為一個成功的人，在困難面前，怯懦是沒有用的。只有不畏挫折和失敗，不怕別人譏笑，堅持不懈，你才可以不斷體驗到成功的快樂和奮鬥的樂趣。

　　許多人之所以怯懦，無非就是怕失敗。但越怕就越不敢行動，越不敢行動就又越怕，一旦陷入這種惡性循環之中，怯懦不免就加深了。應該懂得，越是感到怯懦的事越要大膽去做，只要你能大膽去做，你才能戰勝你的怯懦。

　　銷售就是一場無休止的搏鬥，既要抗拒巨人的偏見，又要克服銷售中的困難、挫折與不幸。雖然生活重壓下的苦悶、彷徨、掙扎、絕望會時隱時現，但想要做好一名銷售員，就一定要堅定、勇敢、自信地衝破一切世俗的、傳統的羈絆，那樣才能開創一個嶄新的未來。

9 別為自我拒絕找藉口

　　其實，每個人與生俱來就具備銷售的才能。而當人們進入現實的商業世界，需要人們有意識地去運用自己的這種銷售才能時，許多人反而感到無所適從了。

　　所以，你若要使自己的銷售才能充分發揮，塑造一個銷售的自我是非常重要的。

　　銷售是一個極易產生自我拒絕的工作。許多銷售員都存在著不同的自我拒絕。他們往往是以「不能」的觀念來看待事物。面對困難，他們總是推說「不可能」、「辦不到」。一些銷售員在走到客戶的面前時，躊躇不前，害怕進去受到客戶冷遇。常言道「差之毫釐，謬以千里」。

　　銷售員微妙的心理差異，造成了銷售成功與失敗的巨大差別。自我拒絕構成了銷售成功的最大障礙。自我拒絕使銷售員逃避困難和挫折，不能發揮出自己的能力。松下幸之助說：「自我拒絕是銷售員的大敵，是阻礙成功的絆腳石。」任何銷售員如果有自我拒絕的傾向，在銷售行業他是不會有成功希望的。

一、「我害怕失敗」

在所有恐懼當中，失敗的恐懼對銷售員的影響最深。這種焦慮紮根於銷售員的心靈深處，讓銷售員無能為力。對失敗的恐懼源於過去的失敗，源於銷售員不知不覺給自己灌輸的不自信心理，面對銷售的悲觀情緒又加深了銷售員的恐懼。這種恐懼只是偶爾公開顯現，大部份時間，銷售員並沒有意識到這種恐懼心理。這種恐懼被銷售員悄悄掩蓋了起來。所以，銷售員絕不會承認他們在努力銷售的過程中害怕失敗。

小吳第一天上班，經理走到他的辦公桌前，遞給他一張名片，要他給名片上的這個人打個電話：「這是一個有可能買我們產品的潛在客戶。你打電話約約看。」經理對他說。

小吳看了一眼名片，上面的頭銜是總經理。「我今天的事太多，要不，讓小陳打吧？」小吳皺起了眉，為難地攤開兩手，用眼光示意桌面上的一堆資料。

「這事還是你負責吧。小陳一會兒有別的事。」經理說。

「那好吧。我處理完手頭這些事馬上就辦。」小吳點頭答應，立即埋頭工作，一副忙得不亦樂乎的樣子。

下午經理經過小吳的辦公桌，順便問他給那位客戶打電話約在什麼時候見面。小吳卻答說忙得還沒時間打電話。經理聽後不高興地一屁股坐在小吳辦公桌的對面，命令他現在就打這個電話。小吳撥電話時臉上的表情真是又為難又擔憂。當電話

那頭開始問話，他說那句「請找陸總」時，臉上的表情就像馬上就要引爆一顆炸彈，隨時都要扔下電話的樣子。突然，他臉上表情驟地鬆弛下來，放下電話轉向經理，用有些喜氣洋洋的聲調說：「陸總不在。」臉上一副卸下了千斤重擔的輕鬆。

　　看了這個故事，你從小吳的整個表現就知道他害怕失敗的心態是多麼的嚴重。初開始時，就是最有勇氣的銷售人員，大概也像小吳一樣產生過懼怕被客戶拒絕的心態。

　　為什麼你目前還沒有成功呢？可能是因為你深陷於希望失敗的下意識之中，如果屬於你的成功總是從你指縫間溜走，你應該問問自己是否能夠擺脫這種綜合征，你的命運是否會使你永遠碌碌無為。你不要擔心，你應該有意識地拯救自我，堅信任何程序都是可以逆轉的。

　　銷售少有一帆風順的事，而失敗卻時常會有。那些出類拔萃的人，之所以會取得成功，完全是因為他們能正確對待失敗，從失敗中獲取教益，從而踢開失敗這塊絆腳石，踏上成功的大道。

　　所以，銷售員要做你最害怕的事情並且控制你的恐懼。如果你害怕銷售中的某個方面，例如客戶的價格拒絕，那麼要想成功，你就需要面對它。你曾經害怕過許多事情，可一旦做起這些事來就要比你想像的容易得多。每次強迫自己做自己害怕的事情，以後這樣的事情做起來就會比較容易，直到有一天你忘記了，僅僅幾個月前你還害怕做這些事。

二、「我沒有經驗」

銷售員使用最多的一個藉口就是：我沒有經驗。的確如此，缺少經驗讓許多人退縮了。這形成了一種惡性循環。說有經驗就能做好銷售，這是有可能的。經驗越多，銷售成功的可能性也越高，但經驗是積累起來的。任何人從事銷售工作都是從沒有經驗開始的，所以，沒有經驗不應該成為你拒絕銷售的理由，沒有經驗反而應該成為你積極銷售的動力。

銷售員不要把「我沒有經驗」這句話當作藉口，請大膽地面對客戶，大膽地銷售產品，努力工作，結果會出乎你的意料。

Tibco 公司的開創者張若玫博士，她如何拿到第一份訂單：

在創業的過程中，我經受的考驗很多，很多人覺得做一件事情越有經驗越好，但我認為，一件事從來沒有做過，其實是一種優勢。假如從來沒有做過這件事情，你通常會從一個很客觀的角度去考慮，會看到一些別人看不到的盲點。你沒有「這個不能做、那個不能做」的顧慮，沒有那麼多老生常談，沒有畏懼和束縛，很多事情反而可以做成。

1986 年，我和友人一同創辦了 Teknekron Software 公司(現在 Tibco 公司的前身)，從一個科技人員轉型為創業者，當時 34 歲。在此之前，我一直是做技術的，對商業沒有概念。那時我是第 5 個加入公司的人，前面 4 個人都非常有經驗，他們把一個最不重要的小項目交給我，給我配了一名助手。

　　這個項目是開發投資交易工作站股價變動軟體，但做到一半，客戶意外地把合約取消了。這對我是極大的打擊，同事說這個項目沒有了沒關係，你去做別的吧。我當時深信自己的產品很有價值，固執地要求再給 30 天的時間，自己去找一個客戶，要繼續做完這個項目。正好富達基金公司(Fidelity Mutual Fund 美國最大的互惠基金公司)要安「投資交易工作站」，在一個好友的幫助下，我得到一次與之洽談的機會。

　　第一次會面，我告訴富達基金自己的產品有什麼好處，他們聽後認為有一定的吸引力，於是繼續追問：「過去有什麼經驗？」

　　我回答：「沒有經驗。」

　　又問：「公司過去做過那些案例？」

　　我說：「沒有做過。」

　　富達基金當時 800 億美元的資產要在投資交易工作站的平台上運轉，他們選擇產品非常慎重。出乎所有人意料，沒有經驗的我還是贏了這一次，打敗強大的對手──路透社。

　　那麼，我是怎樣贏得這一單的？我先對富達基金講了一些「歪理」：「假如我有 10～20 個客戶，你只是其中之一，即使項目失敗了，我也不會因為你一個客戶的失敗而否定自己；假如你是我的第一個客戶，事情就做不成，我的前途就完了。所以這對你非常安全，因為我非要做成不可。對我來講，你是我唯一的希望。另外，所有軟體都有問題，但我們不迴避，而是針對問題來一一解決。我可以提供一個完全針對你們需求的產

95

品，我是你的合作夥伴。」一通「歪理」講下來，他們答應給我 30 天的時間，先做出 6 大應用模型來。

30 天的時間就是一線生機。我使出渾身解數。助手的女朋友離家出走，他追到歐洲去了，剩下我孤軍作戰。我開始每天早上 6 點多鐘就到達富達公司的交易中心工作，請他們項目組的人每天花半個小時的時間看產品，徵求他們的意見，如何修改，那些能做，那些不能做。

兩週之後，他們覺得我是他們當中的一員，而不是客戶，更重要的是，我永遠告訴他們實話，他們因此相信我。最後項目組向老闆彙報時稱這是他們自己的產品，可以讓工作更有效率。這是一句極有分量的話，使我贏得了整個項目。後來才知道，我們產品的價格比路透社的還要貴一些。

這個項目現在想來風險確實非常之大，富達基金的老闆寧可自己擔這個風險，用他私人的資金來支付這一筆費用。除了沒有任何經驗外，6 個月的開發時間也讓有實際工作經驗的人覺得不可思議。但產品在 6 個月以後上線，非常圓滿。

這就是沒有經驗的好處。有經驗的人覺得完全不可能做到，就根本不會去想，但實際上是可以做到的。更重要的是，沒有經驗意味著你還年輕，而年輕常常是一筆財富，勇敢、膽量、本能或創造力可以彌補經驗的不足。

銷售員不要把「我沒有經驗」這句話當作藉口，請大膽地面對客戶，大膽地銷售產品，努力工作，結果會出乎你的意料。

三、「我沒有精力」

「我沒有這麼多精力」，這是一個人們經常使用的藉口。是的，任何行動都需要耗費一定精力，尤其是心理上的精力。缺乏精力，最終導致積極性不高，這似乎會形成一個難以逃脫的惡性循環。但是每個人都需要有一個小小的火花來點燃自己內心沉睡的精力。你擁有的潛在精力是巨大的。對於某些人來說，這種精力仍處在休眠狀態，等待著被激活。這就是那些獲得巨大成就的人與那些失敗者或是只經歷一般成功的人的唯一區別。

香港的李嘉誠在年輕時，曾在塑膠褲帶公司做過銷售人員。當時，塑膠褲帶公司有 7 名銷售人員，數李嘉誠最年輕，資歷最淺。顯而易見，這是一種不在同一條起跑線上的競爭，是一種劣勢條件下的不平等的競爭。

李嘉誠心高氣傲，他不想輸於他人，他給自己定下目標：3 個月，幹得和別的銷售人員一樣出色；半年後，超過他們。李嘉誠就是有這樣強烈的企圖心，才會奮發拼搏。

每天一大早，李嘉誠都要背一個裝有樣品的大包出發，乘巴士或坐渡輪，然後馬不停蹄地走街串巷去做銷售。別人做 8 個小時，他就做 16 個小時。李嘉誠做任何事，都會有強烈的必勝慾望。他不屬於那種身強體壯的人，更像一個文弱書生，背著大包四處奔波，實在勉為其難。幸好他做過一年茶樓跑堂，拎著大茶壺，一天 10 多個小時來回跑，練就了腿功和毅力。也

正是因為如此，他才會後來者居上，銷售額不僅在所有銷售人員中遙遙領先，而且是第二名的 7 倍！

　　李嘉誠做事，從來是不做則已，要做就做到最好。不是完成自己的本職工作就算了，而是在本職工作內幹出非凡的業績的同時，還利用銷售行業的特點，捕捉大量的信息。他注重在銷售過程中搜集市場信息，並從報刊資料和四面八方的朋友那兒瞭解塑膠製品在國際市場的產銷狀況。經過調研之後，李嘉誠把香港劃分成許多區域，把每個區域的消費水準和市場行情，都詳細記在本子上。他對那種產品該到那個區域銷售，銷量應該是多少都胸有成竹。

　　李嘉誠經過詳細分析，得出了自己的結論，然後建議老闆該上什麼產品，該壓縮什麼產品的批量。他協助老闆以銷促產，使塑膠褲帶公司生機盎然，生意一派紅火。就這樣，一年後，李嘉誠被升為部門經理，統管產品銷售。這一年，李嘉誠年僅 18 歲。兩年後，他又晉升為總經理，全盤負責日常事務。李嘉誠逐漸成為塑膠公司的台柱子，成為高收入的打工仔，是同齡人中的佼佼者。他 20 歲剛出頭，就升到了打工族的最高位置，確實令人羨慕。而這一切都要源於他旺盛的精力。

　　總之，銷售員那些看似合理的藉口其實是站不住腳的。你可能會奇怪，出自你內心的這些藉口的力量為何如此強大。在你內心深處，好像總有一種力量讓你看不見自己失敗和貧窮的原因。但成功者卻能夠控制住這種力量，這也是優秀的銷售員必須要做到的。

第 五 章

做好客戶拒絕的準備

　　客戶拒絕是多種多樣的，不同顧客會有不同的拒絕。做好處理客戶拒絕的準備，是銷售員戰勝客戶拒絕應遵循的一個基本規則。要作好應付客戶拒絕的心理上的準備，同時作好針對拒絕的策略準備。

1 面對客戶拒絕的正確態度

1. 拒絕是客戶應有的權利

　　推銷洽談時，買賣雙方一拍即合的情況是少有的，顧客經常會做出這樣那樣的不利於成交甚至拒絕成交的反應，其實質就是對其購買行為的否定，推銷活動中將這些情況稱為購買異議。

　　顧客提出異議是完全正常的，不妨想想，當一個陌生的推銷員

向你推銷某種商品時，你是怎樣做的？如果你懂得每個顧客都有權提出異議，那你就不會因此而感到沮喪，也不會因此而驚慌失措了。

推銷員與顧客各是一個利益主體，當顧客用自己的利益標準去衡量推銷人員的推銷意向時，必然會產生贊同或反對的反應。一些成功的推銷人員甚至認為，顧客提出拒絕，正是推銷洽談的目的與追求的效果。因為，只有當顧客開口說話，提出意見與反對購買的理由時，推銷人員才有可能進行針對性的介紹解釋，才是推銷活動的真正開始。

試問，沒有異議，何來推銷呢？因此，推銷人員不能以為顧客一提反對意見，就是對自己所推銷的產品或服務不感興趣，於是害怕顧客對自己提反對意見；相反，應該對顧客提出的反對意見表示歡迎，並把顧客所提的反對意見作為檢驗自己、自己的公司以及所推銷的產品的一個參考依據。

2.不要因客戶的拒絕而退縮

一個推銷員被客戶拒絕是難免的，這對於新手來說可能比較難以接受，但是再成功的推銷員也會遭到客戶的拒絕。問題在於優秀的推銷員會時常做好被拒絕的心理準備，即使他失敗了，他也會從自己身上找出失敗的原因，準備相應的對策，以使下次不再犯失敗的錯誤。其實，要想真正成功，就得有在拒絕面前從容不迫的勇氣，不管遭到怎樣不客氣的拒絕，推銷員都應該保持彬彬有禮的服務態度，不管在怎麼樣的拒絕下都毫不氣餒。

3.顧客拒絕既是推銷障礙，也是成交的前奏與信號

顧客對推銷人員及推銷產品提出拒絕，當然是為進一步推銷設

立了障礙，但是，如果沒有這些障礙的出現，推銷人員始終只能唱獨角戲。顧客一旦發表了異議，推銷便進入敞雙向溝通階段。因為顧客提出的拒絕可能是在告訴你，我對你的產品或服務，已經發生了興趣，但我還需要更進一步地瞭解商品的功能與價值，才能做出最後的決定。推銷人員可以抓住這個機會，做更詳細的說明，把產品的功能、特徵及其使用價值解釋得更清楚。所以說，顧客設置拒絕是表明推銷已向成交跨進了一步，使推銷有了進一步發展的基礎。因此推銷人員既要看到顧客的拒絕為推銷工作提出了障礙，也應看到解決顧客異議就可能成交的前景。

雖然，顧客拒絕大多出於對推銷員的敵意或不信任，是一種防衛性的舉動，但身為推銷員，你不能因為顧客的拒絕而心灰意冷。不過事實上，多次的拒絕多少會影響推銷員的心境。正如原 ‧平所說：「在處理拒絕時，如果先從技巧談起，就沒有太大的意義。應該先從面對拒絕的心理準備著手。」你首先要相信自己──相信自己是推銷的專家，這是自信的基礎。

顧客拒絕是多種多樣的，不同顧客會有不同的拒絕。同一內容的拒絕又各有不同的拒絕根源。因此，推銷人員必須細緻地觀察判斷顧客的言談舉止，洞察顧客的動作表情，把握顧客的心理活動狀態。只有在此基礎上正確理解顧客拒絕的內容，區別與判斷不同的拒絕根源才能有的放矢地處理好顧客拒絕。

總之，在推銷過程中，顧客拒絕是推銷人員經常遇到的，具有正確地認識、妥善地處理，才能有效地促成交易。顧客拒絕是一種自然的現象，推銷人員要做的工作，就是充分利用顧客提出拒絕這

一契機，及時給顧客以滿意的答覆，策略地使顧客加深對商品的認識，改變顧客原來的看法。

2 先做好應對客戶拒絕的準備工作

「做好處理拒絕的準備」，是銷售員戰勝客戶拒絕應遵循的一個基本規則。銷售員在走出公司大門之前就要將客戶可能會提出的各種拒絕理由列出來，然後考慮一個完善的答覆。面對客戶的拒絕，事前有準備就可以胸中有數，從而從容應對。

做好處理拒絕的準備，是銷售人員戰勝客戶拒絕應遵循的一個基本規則。

銷售人員在走進客戶公司大門之前，就要將客戶可能會提出的各種拒絕列出來，然後考慮一個完善的答覆。面對客戶的拒絕事前有準備就可以胸中有數，從容應對。事前無準備，就可能張惶失措，不知所措；或是不能給客戶一個圓滿的答覆，說服客戶。

一位成功的銷售人員在銷售訪問之前要做好準備，做好應付客戶拒絕的心理上的準備。

面對日益激烈的競爭，銷售變得越來越不容易，客戶也變得越來越挑剔。整個銷售就像一場角逐已達白熱化的足球賽，銷售人員的「攻球」無數次地被客戶拒之門外。但凡是做銷售的，就必須面

對被客戶拒絕。再成功的銷售人員都不可避免地會有被客戶拒絕的時候。面對拒絕，你如何維持銷售？你會喪失勇氣嗎？你的興致會蹤影全無嗎？此時此地你會被擊垮嗎？或者它只會激起你更大的決心？它使你奮起直面反對意見，鼓起你的勇氣，還是使你偃旗息鼓？臉皮薄、感情脆弱的銷售人員往往在遭到第一次拒絕和挫折時就洩氣了。給顧客說「不」的機會是不幸的，但是不要讓一個「不」字把你擊垮了。遭到拒絕經常會傷害銷售人員的自信和自尊。但是作為銷售人員要學會與客戶的拒絕為友，把拒絕當作自己的好朋友。

有一位銷售人員，為一家公司銷售日常用品。一天，他走進一家小商店裏，向店主介紹和展示公司的產品，但是對方卻毫無反應，很冷漠地對待他。這位銷售人員一點也不氣餒，他又主動打開所有的樣本向店主銷售。他認為，憑自己的努力和銷售技巧，一定會說服店主購買他的產品。但是，出乎意料的是，那位店主卻暴跳如雷，用掃帚把他趕出店門，並揚言：「如果再見你來，就打斷你的腿。」

面對這種情形，他沒有憤怒和感情用事，並決心查出此人如此發怒的原因。於是，他多方打聽才明白了事情的真相，原來是店裏的產品賣不出去，造成產品積壓，佔用了許多資金，店主正發愁如何處置呢。瞭解了這些情況後，他就疏通了各種管道，重新作了安排，讓一位大客戶以成本價格買下店主的存貨。不用說，他受到了店主的熱烈歡迎。

這位銷售人員戰勝了自己的挫折，於是他得到了成功。

　　這是我們從小就聽到的故事：寶藏常常藏在什麼地方？當然是最難找的地方，而且大多有怪物什麼的守著。銷售也一樣，你要知道，巨大的困難背後，是巨大的收穫，況且你所面對的只是客戶的拒絕而已，沒有怪物。而拒絕你的人中，一部份人將會成為你的朋友，可能拒絕最激烈的那個人，最後會成為你的「貴人」。

　　客戶如果提出拒絕，就說明他對你的產品有點興趣；客戶越有興趣，就會越認真地思考，也就越會有提出拒絕的可能。要是他對你的一個個建議無動於衷，沒有表示一絲一毫的想法，往往也說明這位客戶沒有一點購買慾望。

　　重要的是，成熟的銷售人員並不把拒絕當作是成交的障礙，而是把拒絕當作朋友。這是銷售界一個重要的觀念——提出拒絕的客戶是你的朋友。的確，如果客戶的拒絕理由沒有得到你滿意的答覆，他就會不買你的東西。客戶提出拒絕看起來阻礙了你的成交，但是，如果你能夠恰當地解決客戶提出的問題，讓他覺得滿意，那麼接下來的便是決定購買——成交。

3 面對客戶拒絕的心理準備

一位成功的銷售員在銷售訪問之前要作好兩種準備：一是作好應付客戶拒絕的心理上的準備，二是作好針對拒絕內容的策略上的準備。

1. 要尊重客戶的拒絕

不論客戶提出的拒絕有沒有道理和事實依據，只要他提出來了，你首先得表現出歡迎和尊重的姿態。

事實上，客戶能當面提出反對意見，本身就是一件令人鼓舞的事，倘若客戶有拒絕而藏在內心不和你說，這才是真正對你不利的。

所以，你不但不要迴避拒絕，而且還必須設法引導他說，鼓勵他說，讓客戶公開自己的不同意見，這樣對你對他都有好處——他覺得自己受到了重視，你也摸清了他的想法。

2. 隨時準備遭遇挫折

銷售的道路曲折而漫長，在銷售中充滿著成功與失敗、順境與逆境等矛盾。只有仔細回味，把握銷售挫折，才能真正領會感悟銷售的樂趣；也只有在戰勝了銷售挫折以後，才能真正走向成功。

當然，銷售員應該明白客戶的拒絕不是能夠輕而易舉地解決的。不過，你在銷售時面對挫折所採取的方法，對於你與他將來的關係都有很大的影響。例如，如果根據洽談的結果，認為一時不能

與他成交，那就應設法使日後重新洽談的大門敞開，以期再有機會去討論這些分歧。因此，要時時做好遭遇挫折的準備。如果你最後還想得到勝利的話，那麼在遇到暫時無法戰勝的挫折的時候，你應該「光榮地撤退」，且不可有任何不快的神色。

3.堅持下去就會成功

那麼，戰勝拒絕和挫折的良藥是什麼呢？美國銷售員協會做過一項研究：48%的銷售員被拒絕一次就放棄；25%的銷售員被拒絕兩次後放棄；12%的銷售員被拒絕三次之後還繼續做下去，80%的生意就是他們做成的。所以，銷售員戰勝拒絕和挫折的良藥就是堅持下去。

有位銷售老師說過一番對所有銷售員來說都有借鑑意義的話。他說：「銷售其實有個成功的概率在裏面，區別只在於經驗多、技巧好的人成功率高一些，例如打 3 個電話中可以約著 2 位客戶。而經驗少、技巧差的人成功率可能就低一些，例如打 10 個電話才約著 2 位客戶。被拒絕沒什麼可怕的。你打 100 個電話都被拒絕了，只能說明你越來越接近成功。反過來，如果你打了 10 個電話，10 個都成功了，說不定你接下來就要開始吃閉門羹了。這就是戰勝拒絕和挫折的關鍵，你必須去做，必須不斷地打電話。沒有數量，談何成功的概率？」

缺乏恒心是大多數人銷售失敗的根源，在銷售領域中，取得重大成就的人無不與其堅韌的品質有關。成功更多依賴的是一個人在逆境中的恒心與忍耐力，而不是天賦與才華。有些人生性悲觀，一臉的無奈，凡事都往壞處想，在進攻之前，先想好了一系列退守的

路線，擺滿了失敗的藉口。這種思維甚至滲入了他的潛意識，以至於表現在他的不經意的行為中，這樣如何會有好成績？

不可否認，事情辦不成的原因確實客觀存在。但是愛找藉口的人，失敗的幾率往往高於平常人，平常人失敗的幾率又高於那種不認識「不可能」這三個字的人。因此，絕不能在做事之前就開始找藉口搪塞。即使成功的概率很低，但只要存在著可能，就要勇敢地接受挑戰。也只有勇於接受挑戰，才會存在成功的可能性。倘若在一開始就放棄，勝利的號角絕不會為你響起。

一個優秀的銷售員他會時刻記住：成功根本沒有什麼秘訣可言，如果真是有的話，就是兩個：第一個就是堅持到底，永不放棄；第二個就是當你想放棄的時候，回過頭來看看第一個秘訣：堅持到底，永不放棄。

曾經連任三屆百萬圓桌俱樂部主席，喬‧庫爾曼幼年喪父，11歲就凌晨4點半起床，上街賣報。18歲成為職業棒球手，後來因為弄傷了手臂，被迫放棄棒球事業。當了一名壽險銷售員後，8個月沒有業績，正在謀劃辭職的時候，他聽了成功學大師戴爾‧卡耐基的講座，又被公司總裁的講話所鼓舞，由此悟出「天道酬勤，情況壞到極點，往往就開始好轉」的道理，激勵了鬥志，幾經波折，終於取得了良好的業績。

有趣的是，他早期遇到的一位銷售大師，也曾經是幾經失敗，傷心之餘，每次都想退出，後來終於找到訣竅，從此峰迴路轉，無往不勝。喬‧庫爾曼早年聽卡耐基的講演，激發了鬥志，經歷了多年奮鬥後，業績輝煌，晚年又與卡耐基橫跨美國，

107

巡迴演講，譜寫了一曲人生拼搏奮鬥的凱歌。

喬‧庫爾曼堅持到底、永不放棄的故事很有啟發意義，他告訴每個銷售員：首先，你要在失敗中堅持。作為新人尚未熟練掌握銷售技巧，遭遇困難是很正常的。這時你要對自己說，最初當然不順利，反覆去做就會變得順利。反覆實踐正是走上順利的唯一方法，即所謂反覆十次可以記住，反覆一百次能夠學會，反覆一萬次，就變成職業高手了。

如果總是希望銷售一開始就會順利，抱著甜美的希望想著：「但願……」結果很容易因大失所望而深受打擊。所以，應該經常對自己說：「開始時不順利是自然的，唯有在反覆中不斷進步，才會變得順利。」

其次，你要在錯誤中堅持。想一想，在自己的性格中，還有那些優秀的東西沒有派上用場？同時回頭檢查一下自己的錯誤。但要注意，我們「回顧過去」的目的是「展望未來」，而不是找個理由讓自己當逃兵。別把自己的過去說得一無是處。誰都有自己獨特的優勢，你也不會例外。

最後，你要在戰勝自我的戰鬥中堅持。很多人之所以不能成功地進行銷售，是因為他們面對棘手問題拖著不辦。他們愛做可做可不做的事，不做該做的事。遇到難題的時候，你就要對自己說：做完它，我就可以清閒了，現在阻礙我享清福的就是它！然後，就像它是你的敵人一樣，向它進攻，把它趕跑。當你習慣了以後，你會發現，這是很爽的一件事——當你攻克了一個難關以後，你的感覺會和馬拉多納攻進了一球後的感覺差不多。

4　處理顧客拒絕的順序

1. 尊重顧客拒絕

　　尊重顧客拒絕，首先要求推銷人員誠懇地歡迎顧客提出拒絕，因為顧客的拒絕對每一個成功的推銷員來說都是一種幫助。顧客提出拒絕並不可怕，重要的是對顧客拒絕做出令人滿意的解答，使顧客感到你重視他的意見，對解決問題有誠意。其次，尊重顧客拒絕，要求推銷人員認真地傾聽顧客的談話，使顧客感到你很重視並在考慮他的意見。有些推銷人員，當顧客說了一半，就馬上插話，並試圖辯解，這是最不能原諒的錯誤。顧客會認為你不尊重他，所以，即使你說得天花亂墜，顧客也聽不進去。同時，你只有聽清楚顧客的意見，才能有針對性地回答顧客的意見。再者，推銷人員對顧客的尊重也是對自己的尊重，如果你認真傾聽顧客的不同意見，他認為你尊重他尊重你，也比較容易接受你的觀點，樂於聽你的解說。

2. 情緒輕鬆避免緊張

　　在處理顧客拒絕時，推銷員要有一定的心理準備，認識到拒絕是必然存在的。在心理上不可有反常的反應，聽到顧客提出的拒絕後應保持冷靜，不可動怒，也不可採取敵對行為，應當繼續以笑臉相迎，同時瞭解拒絕的內容、要點及重點，一般多用下列語句作為應對的開場白：「我很高興您能提出此意見「、「您的意見非常合

理」、「您的觀察很敏銳」等。當然，如果要輕鬆地拒絕，推銷人員必須對商品、公司政策、市場及競爭者有深刻的認識，這些是控制顧客拒絕的必備條件。

3.找出重要的拒絕理由

這是一條重要的原則。推銷員一定要找出顧客拒絕的真正原因，這樣才能有針對性地解決顧客的拒絕，如果感覺到顧客有某些不願購買的理由沒有說出來，推銷員應直接問他：「您不願購買的理由是什麼？」

一位房地產推銷員詹森先生曾這樣探詢顧客的拒絕：

有一天，詹森前去拜訪額爾·史密斯先生，準備賣給他一棟位於新澤西綠溪鎮的房子。史密斯先生說：「我喜歡那棟房子，但那棟房子必須重新粉刷一下。」

詹森從他的話裏感受到那很可能是他的主要反對理由，於是回答道：「這是您不想購買這棟房子的惟一理由嗎？」

「是的。」史密斯承認。重新粉刷房子所需的費用及工夫，的確會使人打退堂鼓。

詹森於是在合約上註明房子必須重新粉刷，而且一切費用由房主負擔。史密斯先生便馬上簽約了。

4.調整自己的態度

推銷員要想圓滿答覆顧客的拒絕，就要調整好自己的態度，並且始終堅持。要知道，你來是要說服顧客購買一件對他很有用處的產品，或是你要提供一項服務。因此，假如顧客提出許多質疑，他不應受到任何拒絕，因為他們不瞭解你的產品——是你沒有把事實

說得很清楚、很有力量，以致還不能消除顧客心中的疑慮。

　　IBM 公司前總裁尼可先生說過：「銷售工作並不是要征服顧客，而是要贏得對方的合作。一般人寧願自己決定購買，而不願被推銷。」所以，假如顧客強烈提出拒絕，你認為並不是很有道理，你也不要對自己這麼說：「這個人真是笨得可以！」而應該對自己說：「我怎麼這麼不聰明，否則應該可以讓他看清自己的拒絕理由實在可笑。」然後你再回到原本進行的說服工作上來，千萬不要爭論──不要打算教導對方什麼大道理。

5.在答覆前，先重述對方的話

　　假如顧客的某一拒絕的確值得回答，當然也就值得你再重述一遍，而且可使對方覺得自己受到重視。這是一個很好的處理拒絕的技巧。當你不同意某人的意見時，你要注意聽他陳述理由，然後同他說：「現在，就我的理解，你的立場是……」你可用你自己的話把他的意見重述一遍，使他知道你的確瞭解了他的想法。一旦他知道你瞭解他的想法，他也會比較願意注意聽你所要講的話。否則他只會一心一意想要打敗你。你可以接著說：「現在，我知道你的想法是……，但你有沒有想過另一種看法呢？」你於是講出你的意見，對方也會注意聆聽。

6.表示同意對方的某些觀點

　　推銷員在答覆顧客的拒絕之前，先找出一些可以表示同意的地方。這是「緩衝」對方抵制情緒極為有效的方法，它可以使對方降低對你的意見的反對程度。

　　這方法極為重要。推銷員一定要記住：為了答覆對方的拒絕要

儘量找出是否有可以表示同意的觀點。

因為顧客的拒絕是自認為很好的理由，一旦被推銷員指出錯誤，顧客就要起來維護自己的意見，這樣，就難免要開始一場爭論。而推銷員部份同意顧客的意見，可以滿足顧客的自尊心，讓顧客有面子，從而使顧客減少防範和戒備。

7.正視顧客拒絕

顧客拒絕既然是客觀存在的，推銷人員就需要正確理解、正確對待顧客拒絕。平時要注意搜集更多有關信息及大量具有說服力的資料文件，並要憑藉這些豐富翔實的資料消除顧客拒絕，促使對方做出購買決定。正視顧客拒絕要做到：

(1)不迴避顧客拒絕

在化解拒絕之前，顧客是不會做出購買決定的。同時，有些拒絕是必然會涉及的，你也很難迴避。因為，相對於顧客的各種要求而言，商品不可能十全十美，有時缺點還是比較明顯的，無法掩蓋。一般來說，應儘早讓顧客提出拒絕，並設法子以解決。但也不能一概而論，如價格問題，在商品沒有引起顧客注意和興趣之前，不宜談及價格問題，自己更不能主動提出這個話題。總之，在交易過程中，顧客的眼睛總是盯著你的商品的缺點，以使自己處於有利的交易地位，爭取有利的交易條件。作為推銷人員則必須瞭解自己商品的優點，並巧妙地讓顧客認識到這些優點。

(2)不對顧客的拒絕理由表示輕蔑

顧客提出拒絕的心理是不同的。對於不同的拒絕顧客會給以不同的重視程度。所以推銷員在決定該如何答覆一個拒絕理由時，應

該先衡量一下對方對這一拒絕理由的看法。

假如顧客的某個意見其實並不重要，他之所以提出來，是為了看你怎麼回答——如果是這種情形，你大可不必過於在意。但假如對方覺得這是個極充分的反對理由——雖然你並不認為——你還是要妥善處理，否則交易極可能告吹。

8.簡要答覆顧客拒絕

推銷員在回答顧客的拒絕時，要盡可能簡短扼要，不必過多言語。要知道，顧客購買產品，並不是因為你怎麼回答他們的拒絕理由，而是他們想要擁有你的產品。所以，你要儘快返回原來的話題，也就是談談顧客的需求，以及你的產品如何能滿足他們的需求。

9.要讓你的顧客有面子

每個人都有自己的想法與立場，在推銷說服的過程中，若你想要對方放棄所有的想法與立場，完全接受你的意見，只會使對方覺得很沒面子，特別是在關係到個人主觀喜好的方面。

例如顏色、外觀、樣式等，你千萬不能將你的意志強加在別人身上。要讓顧客接受你的意見又感到有面子的方法有兩種：一是讓顧客覺得決定都是由自己下的，另一個是在小的地方讓步，讓顧客覺得他的意見及想法是正確的，也得到了你的尊重，他會覺得很有面子。

在回答顧客的拒絕時，推銷人員可以分情況採用下列句子：

「我瞭解您的想法……」

「如果我在您的立場上，也會提出同樣的問題……」

「我也有同感，當我開始接觸這一產品時……」

113

「您的意見極為寶貴，我一定向廠裏反映……」

「您對這方面的事是內行，令人佩服……」

「我知道自己還沒有完全解釋清楚……」

「對不起，我使您產生了誤解……」

一個真正成功的推銷員從不會只希望談贏顧客，他們只會建議顧客，他們會在讓顧客感受尊重的情況下進行推銷。推銷的最終目的在於成交，說贏不等於成交，不妨儘量表達對顧客意見的肯定看法，讓顧客感到有面子，千萬記住逆風行進時，只有降低阻力，才能行得迅速、不費力。

顧客並不總是正確的，但承認顧客正確往往又是值得的。因為顧客是上帝，他們能給我們帶來好運；顧客並不依靠我們，倒是我們依靠他們；顧客不是我們要與之爭論或比賽智力的人，同顧客爭論是不可能取勝的；顧客給我們帶來了他們的需要，我們的職責是滿足他們的需要，並使他們和我們都有利可圖。總之，沒有顧客的滿意便沒有我們的成功，這是推銷員務必要明確的道理。

10.向顧客提供利益

推銷人員在推銷產品的時候要扮演買賣雙方的角色，不僅要考慮自己的問題，還要站要顧客的立場，解決顧客的問題，為顧客提供幫助，滿足顧客的需求和利益要求，充分說明顧客所能獲得的利益及其程度。這是推銷人員是否能說服顧客，促進顧客拒絕轉化的關鍵。從顧客的立場出發看待拒絕，設身處地地為顧客著想，透過這種換位思考，可以進一步瞭解對方的感情，縮小與顧客的心理距離，有利於正確對待和處理顧客拒絕，達到成交的目的。

11.可以用「為什麼」來答覆顧客拒絕

不論顧客有什麼樣的拒絕理由，推銷員都可以用「為什麼」來回應。例如，「我覺得價格還會再降下來。」「為什麼呢？」「我還要再考慮一下。」「為什麼呢？」「我行業的情形不是這樣。」「為什麼呢？」等等。

此外，這個詞還有一個最大的好處：可以讓推銷員注意聽，而讓顧客把想法講出來。

12.為常見的拒絕想出標準答案

在前面，我們提到了要事先列出顧客的拒絕理由，並找出處理辦法，可以把這些處理答案寫下來，隨時應用，下面是個有趣的例子：

《美國男童雜誌》曾提到有個年輕人，在經濟大蕭條的時候向零售商銷售牛奶巧克力。在辛苦工作一個月之後，年輕人什麼錢也沒有賺到，只是收集了各式各樣零售商不願購買巧克力的理由。

這位年輕人累積了一個月的經驗之後，開始展開積極行動。他買了一些空白卡紙，然後開始打字。

第二天，他又去造訪一位零售商，並且把 36 張卡紙攤放在店主的桌上。

「看！」他向店主說道：「這裏面有 36 個理由，說明你為什麼不願購買巧克力。請選出一張來。」那店主微微一笑，拿起一張卡片。

「請翻過來看。」年輕人要求道。

115

那位店主便把卡片翻過來。

原來在卡片的另一面,是每個反對理由的解答。用字簡要,卻極富說服力。那位零售商把每張卡片都看過一遍,最後訂下了一批為數不少的巧克力。

13.即使顧客不買也要謝謝他

我們應該明白顧客的拒絕是不能輕而易舉解決的,但面談時所採取的方法對於雙方將來的關係都會有很大的影響。如果認為一時不能成交,那就應設法敲開今後重新洽談的大門,以期再有機會去解決這些分歧。因此,要時時做好遭遇挫折的準備。如果還想得到最後勝利的話,在這個時候便應作「理智的撤退」,切記不可露出不快的神色。

心得欄 _____

_____

_____

_____

_____

_____

第 六 章
善於察言觀色，瞭解客戶心中的想法

　　客戶的舉手投足往往反映了客戶內心的真實想法。如果你學會解讀客戶的肢體語言，那你就可以瞭解對方的心思與情緒，瞭解他們真正需要什麼。產品的銷售過程實際上就是銷售員與客戶心理較量的過程，誰先洞悉到對方的心中所想，誰就能在這場較量中佔得先機，誰就有較大的勝算。

1 要關注客戶的肢體語言

　　肢體語言通常是無意識的，而且難以控制與掩飾，它比言辭還能更清楚地表達內心的意向！

　　客戶的舉手投足往往反映了客戶內心的真實想法。如果你學會解讀客戶的肢體語言，那你就可以瞭解對方的心思與情緒。

　　一名銷售人員，在示範產品時，會仔細觀察客戶的肢體語言信號，評估客戶對產品示範的反應，並據此調整示範方法，促使交易達成。

　　人類學家認為，在典型的兩個人的談話或交流中，口頭傳遞的信號實際上還不到全部表達的意思的 35%，而其餘 65%的信號必須透過非語言信號的溝通來傳遞。

　　一名銷售人員一旦掌握這些肢體語言的信號，並準確地解讀出其中的含義，無疑會對你的事業有很大幫助。

　　例如當銷售交易接近完成階段時，銷售人員可以利用眼睛的錯覺，如換坐較高的位置，使自己的視線高於客戶等。如此，客戶必須抬頭看你，這樣一來，在不知不覺中，你已能控制了他的心理，也能肯定你所說的話。

　　要想準確解讀出這些肢體信號，就要看你敏銳的觀察能力和經驗了。

　　一名銷售人員饒有興致地向客戶介紹產品，而客戶對產品也很有興趣，但讓銷售人員不解的是他時常看一下手錶，或者問一些合約的條款。當談話暫告一個段落時，客戶突然打斷了進行到一半的商品介紹：「你的商品很好，它已經打動了我，請問我該在那裏簽字？」

　　此時銷售人員才知道，客戶剛才所做的一些小動作，已經向銷售人員說明了推銷已經成功，後面的一些介紹無疑是多餘的。

　　一個人想要表達他的意見時，並不見得需要開口，有時肢體語言會更豐富多彩。

　　有人統計過，人的思想多半是透過肢體語言來表達的。我們對於他人傳遞信息內容的接受，10%來自於對方所述，其餘則來自於肢體語言、神態表情、語調等。下面簡要列舉一些常見的肢體語言，希望能透過這樣的破譯助你和客戶的溝通順暢。

　　客戶瞳孔放大時，表示他被你的話所打動，已經準備接受或在考慮你的建議了。

　　客戶回答你的提問時，眼睛不敢正視你，甚至故意躲避你的目光，那表示他的回答是「言不由衷」或另有打算。

　　客戶皺眉，通常是他對你的話表示懷疑或不屑。

　　與客戶握手時，感覺鬆軟無力，說明對方比較冷淡；若感覺太緊了，甚至弄痛了你的手，說明對方有點虛偽；如感覺鬆緊適度，表明對方穩重而又熱情；如果客戶的手充滿了汗，則說明他可能正處於不安或緊張的狀態之中。

　　客戶雙手插入口袋中，表示他可能正處於緊張或焦慮的狀態之中。

　　客戶不停地玩弄手上的小東西，例如圓珠筆、火柴盒、打火機或名片等，說明他內心緊張不安或對你的話不感興趣。

　　客戶交叉手臂，表明他有自己的看法，可能與你的相反，也可表示他有優越感。

　　客戶面無表情，目光冷淡，就是一種強有力的拒絕信號，表明你的說服沒有奏效。客戶面帶微笑，不僅代表了友善、快樂、幽默，而且也意味著道歉與求得諒解。

　　客戶用手敲頭，除了表示思考之外，還可能是對你的話不感興

趣。

客戶用手摸後腦勺，表示思考或緊張。

客戶用手搔頭，有可能他正試圖擺脫尷尬或打算說出一個難以開口的要求。

客戶垂頭，是表示慚愧或沉思。

客戶用手輕輕按著額頭，是困惑或為難的表示。

客戶頓下顎，表示順從，願意接受銷售人員的意見或建議。

客戶顎部往上突出，鼻孔朝著對方，表明他想以一種居高臨下的態度來說話。

客戶講話時，用右手食指按著鼻子，有可能是要說一個與你相反的事實、觀點。

客戶緊閉雙目，低頭不語，並用手觸摸鼻子，表示他對你的問題正處於猶豫不決的狀態。

客戶用手撫摸下顎，有可能是在思考你的話，也有可能是在想擺脫你的辦法。

客戶講話時低頭揉眼，表明他企圖要掩飾他的真實意圖。

客戶搔抓脖子，表示他猶豫不決或心存疑慮；若客戶邊講話邊搔抓脖子，說明他對所講的內容沒有十分肯定的把握，不可輕信其言。

客戶抒下巴，表明他正在權衡，準備作出決定。

在商談中，客戶忽然把雙腳疊合起來（右腳放在左腳上或相反），那是拒絕或否定的意思。

客戶把雙腳放在桌子上，表明他輕視你，並希望你恭維他。

客戶不時看表，這是逐客令，說明他不想繼續談下去或有事要走。

客戶突然將身體轉向門口方向，表示他希望早點結束會談。

當然，客戶的肢體語言遠不止這些，平時善於察言觀色的銷售人員，再加上閱人無數的工作，一定可以總結出一套行之有效的方法。

作為談判的一方，你應當學會趁機仔細觀察對手，捕捉潛藏的信息，從而迅速得到自己想要的信息。

坐到談判桌前，個人舉止將會同以往有很大不同。人們往往會借助一些手勢來表達自己的意見，從而使效果更臻完美。作為談判的一方，你應當學會趁機仔細觀察對手，捕捉潛藏的信息，從而迅速得到自己想要的信息。

1.對方的舉止是否自然

談判中，如果對方動作生硬，則你要提高警惕。這很可能表示對方在談判中為你設置了陷阱。同時，還要注意他的動作是否切合主題。如果在談論一件小事的時候，就做出誇張的手勢，動作多少有些矯揉造作，欺騙意味增加，需要仔細辨別他們表達情緒的真偽，避免受到影響。

2.對方的雙手如何動作

在談判中，注意對方的上肢動作，可以恰當地分析出其心理活動。

如果對方搓動手心或者手背，表明他處於談判的逆境。這件事情令他感到棘手，甚至不知如何處理。

如果對方做出握拳的動作，表示他向對方提出挑釁，尤其是將關節弄響，將會給對方帶來無聲的威脅。

如果對方手心在出汗，說明他感到緊張或者情緒激動。

如果對方用手拍打腦後部，多數是在表示他感覺到後悔。可能覺得某個決定讓他很不滿意。這樣的人通常要求很高，待人苛刻。而若是拍打前額，則說明是忘記什麼重要的事情，而這類人通常是真誠率直的人。

如果對方雙手緊緊握在一起，越握越緊，則表現了拘謹和、焦慮的心理，或是一種消極、否定的態度。當某人在談判中使用了該動作，則說明他已經產生挫敗感。因為緊握的雙手仿佛是在尋找發洩的方式，體現的心理語言不是緊張就是沮喪。

3.對方腿部和腳部如何動作

從對方的腿部動作也能搜羅出一些信息，如果他張開雙腿，表明對談話的主題非常有自信，若是將一條腿蹺起抖動，則說明他感覺到自己穩操勝券，即將作出最後的決定了。

如果對方的腳踝相互交疊，則說明他們在克制自己的情緒，可能有某些重要的讓步在他們心中已形成，但他們仍猶豫不決。這時，不妨向提出一些問題並進行探查，看是否能讓他們將決定說出口。

如果對方搖動腳部或者用腳尖不停地點地，抖動腿部，這都說明他們不耐煩、焦躁、要擺脫某種緊張感。

如果對方身體前傾，腳尖蹺起，表現出溫和的態度，則說明對方具有合作的意願，你提的條件他基本能接受。

　　肢體語言是「第二種語言」。如果一個人的「形體語言」越簡單，就越容易被掌握。因此，要想成為一名優秀的銷售人員，就要集中精力不要讓客戶離開自己的視線，持續觀察對方的反應、舉手投足以及眼神的信號和面部表情變化。

　　很多信息符號是一般人都知道的，雙手叉腰或者交叉擋在胸前表示防衛、抵禦、宣示主權。不過，也有一些其他的含意，聽人說話時若是雙臂交叉，則沒有否定的意味，因為胸腔是行動之源，手臂交叉於胸前表示：我不會有動作——現在全聽你的。向上急急揮動手臂的人，是語氣強烈地表示：拜託——別煩了！我不想跟這件事扯上關係。而雙臂縮在背後則有袖手旁觀的意思。

　　在推銷談話即將結束的時候，銷售人員也一樣可以假裝不經意地用肢體碰觸客戶，以便吸引客戶的注意，同時使用手指做種種說明的指示，這種動作對客戶具有催眠效果。

　　此外，肢體的接觸也象徵著意見的交流，這樣能使交談的氣氛更為融洽，但在進行促銷時，則必須穩重而不失禮地運用你的肢體語言。

　　客戶的肢體語言信息是一種非常重要的信息，銷售人員若是能正確地判斷，就會取得良好的溝通。換句話說：對信息作出正確的反應，準確解讀客戶的肢體語言是銷售人員推銷成功的最堅固的、基本的和必不可少的因素。

2 察言觀色，關注客戶內心的想法

產品的銷售過程實際上就是銷售員與客戶心理較量的過程，誰先洞悉到對方的心中所想，誰就能在這場較量中佔得先機，誰就有較大的勝算。

一個成功的銷售員，往往初與客戶相見，便能敏銳地看穿客戶的所想所需，能有針對性地把資訊提供給客戶，使客戶的心理得到滿足，有利於交易的成功。例如有些客戶心中有購買意願，但卻存有某種疑慮，遲遲不肯簽單，有經驗的銷售員會馬上洞悉其疑慮所在，會用誠懇、有說服力的事例來感動客戶，贏得生意。

在銷售的過程中，最重要的是你必須瞭解客戶心中的想法，以及他所採取的態度。

在交談開始時，客戶所採取的態度，一般可分為下列四種情形：第一，雖然他想購買此種商品，但他仍在意價錢的高低，他正等待你告訴他確實的價格；第二，雖然他想買，而且他也知道商品的價格，可惜的是，他無法如期付款。因此，他希望你能說明商品的支付條件及方式；第三，尚未決定，不知道自己是否將購買，他正等待你做更深入的說明；第四，根本不想買。以上所述四種心理是一般客戶最基本的想法及感情，而這裏所謂的感情就是客戶最初的懷疑、擔心及興奮等情緒的外在表現。

接近成交階段時，他更想知道你下一句要說些什麼，他想瞭解你將使用何種手段來達成交易。

當銷售員作完示範說明或商品介紹時，客戶一定會詢問有關商品購買及其他疑問，這就表示他已對商品產生興趣。

客戶的態度及想法當然關係到你的工作，而客戶總是在找不買的理由，這一點你必須謹記在心。

對客戶來說，當他應允說「我買了」，即表示他必須負擔責任與義務，因此，他寧可選擇「不買」。他絞盡腦汁在找尋拒絕購買的理由，這樣他就不必花掉辛苦賺來的錢。

而對銷售員來說，在進行商品說明時，客戶的態度非常重要。因此，若要圓滿達成交易，你必須有所計劃，盡可能找些具有利用價值的情報，透過語言傳達到客戶的心中。

客戶心中對銷售員總是存著懷疑與抗拒。他不希望被人欺騙，因此，你必須以親切的態度贏取他的信任。

客戶在交談過程中，總是隨時武裝著自己，防禦銷售員下一步所可能採取的行動。所以，在這一階段，你必須先鬆弛他的緊張神經。客戶在傾聽商品說明時，有時會感到患得患失，雖然他口中詢問著有關商品的問題，但心中仍然猶豫不決。有時候，在商品說明進行中，客戶會流露出想購買的情緒，但臨成交時，他便又考慮再三，戒備心理也再次升起。在這種情況下銷售員必須向客戶提出問題，讓他表達一下自己的意見，使交談氣氛保持愉快而熱烈，這樣才有助於成交。

言為心聲，客戶心底的秘密都會在表情動作中表露無遺。同

樣，客戶的需求也會在不經意間表露出來，銷售員需要做的就是根據客戶的反映，判斷出客戶的需求，並針對客戶的需求銷售。

3 顧客拒絕時身體語言的反應

即使是顧客小小的身體反應，經驗豐富的推銷員也可以清楚地察覺出來，而新手則往往很容易疏忽顧客的小動作。以下就是顧客拒絕時各種身體語言的狀況，不要因為討厭被拒絕，而對這些無聲的身體語言視而不見。

1.不願接受名片

有的人會不願意接受推銷員的名片，知道來者是推銷員之後，就會認為對方是來要自己買東西，要自己掏錢出來的。經驗不足的推銷員遇到這樣的情形往往會手足無措，甚至面紅耳赤。但是，這絕不是一個推銷員應有的表現。

當你遞出名片而對方不願意接受的時候，你不妨將它放在桌上或門口，無論如何不能再將它收回來。至少你要讓顧客知道，有一位推銷員前來推銷了某一種商品，所以留下名片是有必要的。

2.始終不願開口

如果不論推銷員怎樣宣傳鼓動，顧客始終都一言不發，這就是一種拒絕的表示，倒不如趕快離去，否則再坐下去只能有害無益了。

3.不理不睬

這的確是一個令人非常難堪的態度，同時也是非常明顯的拒絕。如果是在一般的家庭的話，太太會故意打小孩、整理衣物，總之一切動作都在暗示著叫你趕快回去。但是他們卻始終不直接地說：「這樣的東西我們不需要，你趕快回去吧！」面對這樣的態度應該怎麼辦呢？有很多人遇到這樣的情形，會儘快留下目錄和小冊子，然後就回去了。

但是，這實在是很失敗的做法，所以先不要認為對方真的是很忙，如果真的無法使對方和你交談的話，不妨先沉默一下，緩和現場緊張忙亂的氣氛。對方看你既不回去，又不說話，一定會很驚訝，說不定還會坐下來和你聊聊天呢！這時候你不妨先沉住氣，拿出目錄來，一一說明。

4.不屑一顧

這種態度是完全沒把推銷員放在眼裏的一種表示，這樣的態度也顯示出要推銷員早一點走的意思，但是，為了達到推銷的目的你仍然要拿出目錄來，一一加以說明。雖然他不想接受你，看你的東西，但是，只要你說了，對方還是會聽得見。所以，你先假想對方很專心地在聽你的說明，你就必然會說得很起勁了。如果對方毫無反應的話，你就按照自己原有的計劃一直說下去。

5.眼光老盯在手錶上

這是每一位推銷員都不願看到的表情，這種表情無疑也是一種拒絕的表示。

但是遇到這樣的情形時，千萬不可慌張。分秒必爭的人畢竟是

少數,只是沒有人願意將寶貴的時間分給推銷員罷了!如果還有別的重要的事情,推銷員應早一點瞭解。

「您還有約會嗎?幾點呢?」推銷員可以明確地提出這個問題。「沒有啦!」或「嗯!」回答不外乎是這兩種,知道了之後,商談就可以再繼續下去。

但是,如果在你們談話的時間長達半個小時或一個小時之後,發現對方在看手錶,就表示你的確該告辭了。

6.眼睛空洞無神

如果顧客對推銷員講的話不感興趣,眼神就會變得空洞無神,這也許就是在告訴推銷員早一點走。這雖然是推銷員非常不願意看到的,但卻是一個存在的事實。重要的不是你在顧客這兒停留了多久,而是你的意思對方接納了多少。

7.毫不在乎的樣子

大多數顧客拒絕推銷員時,要麼用言詞將推銷員趕走,要麼就表現出一副毫不在乎的樣子。後者起初也許也會用言詞來反駁,但是經不起推銷員的執拗,最後就乾脆閉口不說了。但是,最好不要造成唱獨角戲的場面,不妨找幾個容易回答的問題,聽聽對方的意見。

8.視線遊離

如果顧客的視線遊離,沒有目標,那就是告訴你,他對你已經不耐煩了,意味著厭倦了你的談話,或者是叫你早一點回去。雖然你凝視著對方的臉,可是他立刻將視線移開,這表示推銷活動已經到了無望的地步。惟一的方法是趕快結束今天的談話,因為對方已

經表示厭倦了，再談下去只是白白浪費時間和精力而已。

9. 靠背抱胸

如果顧客正津津有味地聽你談話，突然身體向椅背上一靠，雙手抱胸，這也是拒絕的信號。這個時候推銷員即使說一些與推銷無關的話，對方也不會再有任何反應了，所以推銷員最好閉上嘴巴，不再說話，這是惟一的方法。

10. 焦躁不安

當顧客焦躁不安時，他就沒有心思聽你講話了，這種表現也是拒絕的一種方式。在這個時候，如果你已察覺苗頭不對，就趕快收拾說明手冊，打開皮包。這樣的動作給對方「啊！他終於要回去了！」的訊息，之後他的態度就會再度安定下來。如果這個時候對方仍然沒有安定下來的話，惟一的方法就是先回去，然後期待下次再來時，對方的情緒能夠穩定一些。

心得欄 ----------------------------------

----

4 明確顧客到底要什麼

在銷售商品時，首先要尋找對象，找出你希望對其銷售商品的人或單位，然後瞭解他們真正需要什麼，並瞭解他們的付款能力。不知道客戶的購買心理，不清楚客戶的消費需求，任何方式的推銷對於客戶而言都是毫無意義的。不能把握客戶的需求，特別是關鍵需求，銷售就失去了方向感，你的銷售不可能取得成功。有的放矢，對症下藥，對於推銷員來說，只有摸清客戶的心思，認準客戶的購買動機，才能將產品成功地推銷出去。

多問幾個為什麼，有助於拜訪者更快速地找到客戶的真實需求，而不是受制於客戶的一些表面性陳述。不少企業現在推崇「5WHY方法」，即當客戶提出一個要求時，連續問「5個為什麼」，這種方法在現實中也是比較實用的、具備可行性的。簡單地說，就是透過「刨根問到底」這種方式來發現客戶的真實需求。

提出更多有價值的問題，從而發現客戶真正的需求，以創造更多的銷售機會。這樣做，不是為了發現客戶的想法和感受，而是為了收集信息。隨著問題的更換，提問重點逐步升級，銷售人員就可以發掘出客戶的需求。客戶的想法、感受和顧慮才是銷售人員真正想知道的。

逐步提升提問重點的方式大致是這樣的，例如：「先生，如果

我們的商品或服務可以解決剛才討論過的難題，您是否願意購買我們的商品並接受我們的服務呢？」

為了成功地逐步提升提問重點的價值，銷售人員必須明確每個問題在發現需求過程中的不同作用。如銷售人員可以問：「你們目前面臨的最大困難是什麼？」「你們想利用這類商品達到什麼目的？」此時，銷售人員已經獲得了客戶的信任，這時讓客戶更開放一些，逐步提升提問重點，能夠確定他們潛在的困難、問題和慾望。

試著發掘客戶需求的時候，銷售人員的職責之一是幫助客戶認識到自己的需求。有的客戶會報以一長串的提問和顧慮，而有的則會保持沉默不語，後者會使得會談較難進行下去。這時候，銷售人員不能勉強客戶去搜尋他們的需求，可以發掘並幫助他們確定需求。如果客戶知道別人也有與自己相同的需求，或者已經從你的解決方案中得到了滿足，他們一般會產生比較積極的回應。例如，讓客戶知道其他客戶都在考慮有關商品的實用性、安全性、品質保證和售後服務等方面的問題，面對誘導，他們常常會發現自己也有同樣的需求。這時，你已經成功地發掘了他們的需求。

一般客戶在購買一件產品時，通常會有七個步驟：注意到產品→對產品產生興趣→對產品產生聯想→對產品產生慾望→同類產品進行比較→對產品產生信心→最後決定購買。作為銷售人員，要學會洞察客戶的心理，透過觀察客戶的表情、態度來發掘客戶的需求。

在很多時候，你的產品客戶並不瞭解，或者是一知半解，所以，對於客戶提出的各項要求，你必須區別對待，不能一味聽從客戶擺

131

佈，甚至曲解客戶的需要，最終沒有滿足客戶的需求。客戶之所以提出那麼多「無理」的要求，就因為他不「懂行」，擔心受到銷售人員的欺騙，希望透過「刁難」銷售人員獲得更加真實、全面、有用的信息。此時你要正確引導客戶的需求，才能真正滿足客戶的需求，同時又讓自己的利益最優化。

人的需求是無限的，沒有止境的。我們購物時，總是需求時才購買它，否則，是不會掏腰包的。推銷員要想把商品推銷出去，所需做的一件事就是：喚起顧客對這種商品的需求。

心得欄 ＿＿＿＿＿＿＿＿＿＿＿＿＿＿＿＿＿＿＿＿＿＿＿＿

＿＿＿＿＿＿＿＿＿＿＿＿＿＿＿＿＿＿＿＿＿＿＿＿＿＿＿＿＿

＿＿＿＿＿＿＿＿＿＿＿＿＿＿＿＿＿＿＿＿＿＿＿＿＿＿＿＿＿

＿＿＿＿＿＿＿＿＿＿＿＿＿＿＿＿＿＿＿＿＿＿＿＿＿＿＿＿＿

＿＿＿＿＿＿＿＿＿＿＿＿＿＿＿＿＿＿＿＿＿＿＿＿＿＿＿＿＿

＿＿＿＿＿＿＿＿＿＿＿＿＿＿＿＿＿＿＿＿＿＿＿＿＿＿＿＿＿

5 找到顧客會購買的誘因

在你接觸一個新客戶時，應該儘快找出那些不同的購買誘因當中這位客戶最關心的那一點。

曾經有一位房地產推銷員帶一對夫妻進入一座房子的院子時，太太發現這房子的後院有一棵非常漂亮的木棉樹，而推銷員注意到這位太太很興奮地告訴她的丈夫：「你看，院子裏的這棵木棉樹真漂亮。」

當這對夫妻進入房子的客廳時，他們顯然對這間客廳陳舊的地板有些不太滿意，這時，推銷員就對他們說：「是啊，這間客廳的地板是有些陳舊，但你知道嗎？這幢房子的最大優點就是當你從這間客廳向窗外望去時，可以看到那棵非常漂亮的木棉樹。」

當這對夫妻走到廚房時，太太抱怨這間廚房的設備陳舊，而這個推銷員接著又說，「是啊，但是當你在做晚餐的時候，從廚房向窗外望去，就可以看到那棵木棉樹。」

當這對夫妻走到其他房間，不論他們如何指出這幢房子的任何缺點，這個推銷員都一直重覆地說：「是啊，這幢房子是有許多缺點。但你們二位知道嗎？這房子有一個特點是其他房子所沒有的，那就是您從任何一間房間的窗戶向外望去，都可以

看到那棵非常美麗的木棉樹。」

　　這個推銷員在整個推銷過程中，一直不斷地強調院子裏那棵美麗的木棉樹，他把這對夫妻所有的注意力都集中在那棵木棉樹上了，當然，這對夫妻最後花了 50 萬元買了那棵「木棉樹」。

　　在推銷過程中，我們所推銷的每種產品以及所遇到的每一個客戶，心中都有一棵「木棉樹」。而我們最重要的工作就是在最短的時間內，找出那棵「木棉樹」，然後將我們所有的注意力放在推銷那棵「木棉樹」上，那麼客戶就自然而然地會減少許多抗拒。

　　最簡單有效地找出客戶主要購買誘因的方法是，透過敏銳地觀察以及提出有效的問題。另外一種方法也能有效地幫助我們找出客戶的主要購買誘因。這個方法就是詢問曾經購買過我們產品的老客戶，很誠懇地請問他們：「先生川、姐，請問當初是什麼原因使您願意購買我們的產品？」

　　如果你是一個推銷電腦財務軟體的推銷員，必須非常清楚地瞭解客戶為什麼會購買財務軟體，當客戶購買一套財務軟體時，他可能最在乎的並不是這套財務軟體能做出多麼漂亮的圖表，而最主要的目的可能是希望能夠用最有效率和最簡單的方式，得到最精確的財務報告，進而節省更多的開支。所以，當推銷員向客戶介紹軟體時，如果只把注意力放在解說這套財務軟體如何使用，介紹這套財務軟體能夠做出多麼漂亮的圖表，可能對客戶的影響並不大。如果你告訴客戶，只要花 1000 元錢買這套財務軟體，可以讓他的公司每個月節省 2000 元錢的開支，或者增加 2000 元的利潤，他就會對

這套財務軟體產生興趣。

　　當你將客戶最主要的一兩項購買誘因找出來後，再加以分析，就能夠很容易地發現他們當初購買產品的最重要的利益點是那些了。

心得欄 ------------------------------

----

6 洞穿客戶的隱含期望

從顧客的言語中收集信息，破解顧客內心的真實需求，這樣才能取得事半功倍的效果。

當銷售人員成功修正了顧客先入為主的購機標準，重新介紹了一款時，沒想到顧客卻說：「這個不好啊！」

銷售人員一：「這個不好，您看這邊這個怎麼樣？」

銷售人員二：「那麼請您到這邊來。」

銷售人員三：「怎麼不好呢？這是賣得最好的一款。」

第一個和第二個銷售人員的回答都是承認了顧客的判斷：這個商品不好。銷售人員不可暗示或暗中承認商品不好，這樣一承認顧客也會跟著失去購買信心。不僅是待定款的商品，對整個品牌都會降低信心，這對接下來的推介非常不利。

第三個銷售人員直接和顧客爭辯，是沒有職業技巧的表現。

在上述場景中，銷售人員應這樣應對：

「是嗎？您那裏不滿意呢？可以告訴我嗎？」待問清顧客不滿意的真正要點後，即可針對顧客的疑點進行解答或針對其買點進行新的商品推介。

「這個還算不錯吧！再好點的，請您到這邊來。」

「這個機型還算比較暢銷，同樣暢銷的還有這款。」

很多時候顧客對產品的反對並不代表他真的不需要這樣的產品。當顧客對所推介產品不滿意時，作為銷售人員，不能只是機械地向顧客推銷別的產品，而要先從顧客的言語中收集信息，破解顧客內心的真實需求，這樣才能取得事半功倍的效果。

在瞭解了顧客內心的真實想法後，銷售人員還應做到對顧客需求的理解完全、清楚和證實。

完全是指銷售人員要對顧客的需求有全面的理解。顧客都有那些需求？這些需求中對顧客最重要的是什麼？它們的優先順序是什麼？

清楚是指要知道顧客的具體需求是什麼，顧客為什麼會有這些需求。很多銷售人員都知道顧客的需求，如顧客說：「我準備要小一點的電冰箱。」這是一個具體的需求，但他們對顧客為什麼要小一點的電冰箱卻並不知道。「清楚」也就是讓銷售人員找到顧客需求產生的原因，而這個原因其實也是需求背後的需求，是真正驅動顧客採取措施的動因。找到了這個動因，對銷售人員去引導顧客下定決心做決策很有幫助。

證實是指銷售人員所理解的顧客的需求是經過顧客認可的，而不是自己猜測的。那麼，當顧客對商品不滿意時該如何應對呢？要注意兩點：

第一是詢問，詢問顧客那裏不滿意。這些問題，可巧妙地擊中顧客的隱衷，使其內心的真實想法完全表露出來。

第二是跳過這一款介紹另一款，在這個過程中最重要的是銷售人員必須用委婉的話語和鄭重的表情重新定義顧客所謂的不滿意

產品。

　　銷售人員的一言一行必須釋放出對品牌的熱愛和自信。如果能做到這一點，就容易感染顧客，使其對品牌產生信心。

　　顧客對產品不滿意時，銷售人員只有深入思考、破解顧客的深層想法，才能把產品賣出去。

　　只有超出客戶的期望，讓他們驚歎，你才能做到高人一等。

　　一些期望只有在它們沒有得到滿足的時候才會浮出表面，它們通常被理解為必然的或者是理所當然可以獲得的。例如，我們期望週圍的人要注意的禮貌。只有當我們遇到一個特別粗魯的人時才會表示出不滿。類似的這些期望存在於潛意識中，因為只有當客戶經歷的服務低於特定的合理界限時，它們才會成為影響滿意度的重要因素。

　　一家公司與它的客戶之間的大多數互動和交往都發生在一定的範圍之內，這使得大多數互動都成為了慣例。一般不會有什麼東西使客戶特別滿意或者不滿意。我們不會過多考慮這些遭遇。但為了讓客戶真的滿意，以至於他們必定會回來並且會對公司進行正面的口頭宣傳，公司必須超出他們的期望。公司必須做些事情吸引住客戶的注意力，誘使他們發出讚歎：「哇，我真的是沒有想到！」

　　許多年前，巴諾斯先生經歷過一次令人激動的經歷。當時是二月份，他要去 A 酒店參加一個商務會議。傍晚的時候，計程車將巴諾斯先生帶到了 A 酒店的門前。天色已經暗了下來，下著小雨，但他決定吃飯前痛痛快快地出去跑一會，於是就穿上運動衣出門了。一個小時以後，他回到了酒店，這時他的身

上已經濕透了。他希望能悄悄走進電梯而不打擾其他的客人，因為客人們與一個渾身濕透的中年人一起坐電梯的時候會感到很不舒服。

當巴諾斯穿過大廳的時候，前台傳來了一個聲音「先生，我們能為您把衣服弄乾嗎？」他往傳來這個意外問候的方向望去，發現一個服務生站在旁邊。服務生走上前來，說道：「巴諾斯先生，您明天不打算穿這些濕透的衣服進會議室吧？讓我們幫您烘乾它們吧。」這令巴諾斯感到驚奇，他向服務生表示感謝並且和他約定，將這些還在滴水的運動衣和其他衣服，裝在洗衣袋裏放在巴諾斯的門外。

9 點半左右的時候巴諾斯回到了房間，他的運動衣不僅已經烘乾了，甚至還洗過熨好並且整整齊齊的放在床腳！而這幾乎是我的運動服第一次被熨過。

我們中的大多數人作為客戶的時候，不會將我們的標準或者期望毫無道理地提得很高，通常它們會得到滿足，但並不會讓我們喜出望外。同樣，大多數公司並不能成功地做到讓客戶特別滿意。大多數公司的工作是按部就班的。問題在於，如果你做的每件事情都是按部就班的，那麼你做的可能是不夠的。只有超出客戶的期望，讓他們驚歎，你才能做到高人一等。

所以，我們在與客戶接觸的時候，一定要細心一些，多個心眼，多注意觀察客戶隱含的期望，適時地與他們的隱含期望相對接。

7 領會客戶所說的每一句話

只有及時領會了客戶的意思，推銷員才能及時做好準備，才能為下一步的順利開展創造條件。

推銷工作就是讀人的工作，不僅要讀懂客戶的個性、喜好以及真正需求，還要及時領會客戶的每一句話。無論客戶是在拒絕或者是在問詢，每一句話的背後都有隱藏有深意。

華萊士是 A 公司的推銷員，A 公司專門為高級公寓社區清潔游泳池，還包辦景觀工程。B 公司的產業包括 12 幢豪華公寓大廈，華萊士已經向他們的資深董事華威先生說明了 A 公司的服務項目。開始的介紹說明還算順利，緊接著，華威先生有意見了。

場景一：

華威：「我在其他地方看過你們的服務，花園很漂亮，維護得也很好，游泳池尤其乾淨；但是一年收費 10 萬元？太貴了吧！我付不起。」

華萊士：「是嗎？您所謂『太貴了』是什麼意思呢？」

華威：「說真的，我們很希望從年中，也就是 6 月 1 日起，你們負責清潔管理，但是公司下半年的費用通常比較拮据，下半年的游泳池清潔預算只有 3.8 萬元。」

140

華萊士：「嗯，原來如此，沒關係，這點我倒能幫上忙，如果您願意由我們服務，今年下半年的費用就 3.8 萬元；另外 6.2 萬元明年上半年再付，這樣就不會有問題了，您覺得呢？」

華威：「我看這樣行。」

場景二：

華威：「我對你們的服務品質非常滿意，也很想由你們來承包；但是，10 萬元太貴了，我實在沒辦法。」

華萊士：「謝謝您對我們的賞識。我想，我們的服務對你們公司的確很適用，您真的很想讓我們接手，對吧？」

華威：「不錯。但是，我被授權的上限不能超過 10 萬元。」

華萊士：「要不我們把服務分為兩個項目，游泳池的清潔費用 4.5 萬元，花園管理費用 5.5 萬元，怎樣？這可以接受嗎？」

華威：「嗯，可以。」

華萊士：「很好，我們可以開始討論管理的內容……」

場景三：

華威：「我在其他地方看過你們的服務，花園侍弄得還算漂亮，維護修整上做得也很不錯，游泳池尤其乾淨；但是一年收費 10 萬元？太貴了吧！」

華萊士：「是嗎？您所謂『太貴了』是什麼意思？」

華威：「現在為我們服務的 C 公司一年只收 8 萬元，我找不出要多付 2 萬元的理由。」

華萊士：「原來如此，但您滿意現在的服務嗎？」

華威：「不太滿意，以氯處理消毒，還勉強可以接受，花園

就整理得不盡理想；我們的住戶老是抱怨游泳池裏有落葉；住戶花費了那麼多，他們可不喜歡住的地方被弄得亂七八糟！雖然給 C 公司提了很多遍了，可是仍然沒有改進，住戶還是三天兩頭打電話投訴。」

華萊士：「那您不擔心住戶會搬走嗎？」

華威：「當然擔心。」

華萊士：「你們一個月的租金大約是多少？」

華威：「一個月 3000 元。」

華萊士：「好，這麼說吧！住戶每年付您 3.6 萬元，您也知道好住戶不容易找。所以，只要能多留住一個好住戶，您多付 2 萬元不是很值得嗎？」

華威：「沒錯，我懂你的意思。」

華萊士：「很好，這下，我們可以開始草擬合約了吧。什麼時候開始好呢？月中，還是下個月初？」

讀懂客戶的話才能使銷售進行下去。銷售過程中及時領會客戶的意思非常重要。只有及時領會了客戶的意思，推銷員才能及時做好準備，才能為下一步的順利進行創造條件。

8 看透消極顧客的舉止

消極顧客的表情和肢體動作會說話，就看你能不能聽得懂。

有些時候，儘管推銷員做出很多努力，但仍無法打動顧客。他們明確地用消極的信號告訴你，自己並不感興趣。推銷員與其繼續遊說，不如暫停言語，相機而動。

一般來說，如果一個顧客明顯作出下列表情，就說明他已經進入消極狀態。

1.眼神遊離

如果顧客沒有用眼睛直視推銷員，反而不斷地掃視四週的物體或者向下看，並不時地將臉轉向一側，似乎在尋找更有趣的東西，這就說明他對推銷的產品並不感興趣。如果目光呈現出呆滯的表現，則說明他已經感到厭倦至極，只是礙於禮貌沒有立刻讓推銷員走開。

2.表現出繁忙的樣子

假如顧客一見到推銷員就說自己很忙，沒有時間，以後有機會一定考慮相關產品；或者在聽推銷員解說的過程中不斷地看手錶，表現有急事的樣子，說明他可能是在應付推銷員。實際上，他很可能並沒有考慮過被推銷的產品，也不想浪費時間聽推銷員的解說。而如果推銷員沒有足夠地耐心引導他進行購買，交易將很難成交。

3.言語表現

如果顧客既不回應，也不提出要求，更沒讓推銷員繼續做出任何解釋，而是面無表情地看著推銷員，說明顧客感到自己受夠了，這個聒噪的推銷員可以立刻走人了。

4.身體的動作

顧客在椅子上不斷地動，或者用腳敲打地板，用手拍打桌子或腿、把玩手頭的物件，都是不耐煩的表現。如果開始打呵欠，再加上頭和眼皮下垂，四肢無力地坐著，就表明他感到推銷員的話題簡直無聊透頂。即使硬說下去，也只會增加顧客的不滿。

面對顧客的上述表現，推銷員可以作出最後一次嘗試，向顧客提出一些問題，鼓勵他參與到推銷之中，如果條件允許，可以讓顧客親自參與示範、控制和接觸產品，以轉變客戶對產品的冷漠態度。如果客戶的態度仍不為所動，則你可以嘗試退一步的策略，即請顧客為公司的產品和自己的服務提出意見並打分，如果顧客留下的印象是正面的，或者下一次他想購買相關產品時，就會變成你的顧客。注意，在這一過程中，一定要保持自信、樂觀和熱情的態度。

第 七 章

讓客戶無法拒絕的話術

　　有好的開場，銷售人員就成功了一半，再加上巧妙的溝通技巧，就能引起客戶的購買慾望。成功的銷售源自語言的藝術。銷售全靠一張嘴，東西再好，銷售人員說不出來，客戶無法得到有效的資訊，最終無法達成成交。

1 七種銷售開場白

　　銷售全靠一張嘴。東西再好，銷售人員說不出來，客戶無法得到有效的信息，最終也無法達成成交。銷售的過程，絕大部份是銷售人員與客戶之間的溝通，銷售人員能否促成成交，有效的說服佔相當大的比例。如何才能成功說服客戶，這是銷售人員需要練的一項硬功夫。

好的開始是成功的一半，銷售人員與準顧客交談之前，需要適當的開場白。開場白的好壞，幾乎可以決定這一次訪問的成敗，換言之，有好的開場，銷售人員就成功了一半。

1. 利用好奇心

現代心理學表明，好奇是人類行為的基本動機之一。美國詹森州立大學劉安彥教授說過，「探索與好奇，似乎是一般人的天性，對於神秘奧妙的事物，往往是大家所熟悉關心的注目對象」。那些顧客不熟悉、不瞭解、不知道或與眾不同的東西，往往會引起人們的注意，推銷員可以利用人人皆有的好奇心來引起顧客的注意。

一位銷售人員對顧客說：「您知道世界上最懶的東西是什麼嗎？」顧客感到迷惑，但也很好奇。這位銷售人員繼續說：「就是您藏起來不用的錢。它們本來可以購買我們的冷氣機，讓您度過一個涼爽的夏天。」

某地毯銷售人員對顧客說：「每天只花一角六分錢就可以使您的臥室鋪上地毯。」顧客對此感到驚奇，銷售人員接著講道：「您臥室 12 平方米，我廠地毯價格每平方米為 24.8 元，這樣需 297.6 元。我廠地毯可鋪用 5 年，每年 365 天，這樣平均每天的花費只有一角六分錢。」

銷售人員製造神秘氣氛，引起對方的好奇，然後，在解答疑問時，很有技巧地把產品介紹給顧客。

幾乎所有的人都對錢感興趣，您省錢和賺錢的方法很容易使客戶感興趣。例如：

「孫經理，我是來告訴您貴公司節省一半電費的方法。」

146

「劉廠長，我們的機器比您目前的機器速度快，耗電少，更精確，能降低貴廠的生產成本。」

「夏廠長，您願意每年在毛巾生產上節約 5 萬元嗎？」

2.提及有影響的第三人

告訴顧客，是第三者(顧客的親友)要你來找他的。這是一種迂迴戰術，因為每個人都有「不看僧面看佛面」的心理，所以，大多數人對親友介紹來的銷售人員都很客氣。如：

「林先生，您的好友宋世昌先生要我來找您，他認為您可能對我們的印刷機械感興趣，因為，這些產品為他的公司帶來很多好處與方便。」

打著別人的旗號來推介自己的方法，雖然很管用，但要注意，一定要確有其人其事，絕不可自己杜撰，要不然，顧客一經查明，必然弄巧成拙。為了取信顧客，若能出示引薦人的名片或介紹信，效果更佳。

人們的購買行為常常受到其他人的影響，銷售人員若能把握顧客這層心理，好好地利用，一定會收到很好的效果。

「徐總，公司的馬總採納了我們的建議後，公司的營業狀況大有起色。」

舉著名的公司或人物為例，可以壯自己的聲勢，特別是，如果你舉的例子，正好是顧客所景仰或性質相同的企業時，效果就會更顯著。

3.向顧客提供信息

銷售人員向顧客提供一些對顧客有幫助的信息，如市場行情、

新技術、新產品知識等，往往會引起顧客的注意。這就要求銷售人員能站到顧客的立場上，為顧客著想，儘量閱讀報刊，掌握市場動態，充實自己的知識，把自己訓練成為自己這一行業的專家。顧客或許對銷售人員應付了事，可是對專家則是非常尊重的。

例如，你對顧客說：「我在某某刊物上看到一項新的技術發明，覺得對貴廠很有用。」

推銷員為顧客提供了信息，關心了顧客的利益，也獲得了顧客的尊敬與好感。

4.表演展示

銷售人員利用各種戲劇性的動作來展示產品的特點，最能引起顧客注意。

一位消防用品銷售人員見到顧客後，並不急於開口說話，而是從提包裏拿出一件防火衣，將其裝入一個大紙袋，旋即用火點燃紙袋，等紙袋燒完後，裏面的衣服仍完好無損。這一戲劇性的表演，使顧客產生了極大的興趣。

賣高級領帶的售貨員如果單純說，「這是友紳牌高級領帶」，不會有什麼效果，但是，如果把領帶揉成一團，再輕易地拉平，然後說，「這是友紳牌高級領帶」，就能給人留下深刻的印象。

5.提出問題

銷售人員直接向顧客提出問題，利用所提的問題來引起顧客的注意和興趣。例如：

「郭廠長，您認為影響貴廠產品品質的主要因素是什麼？」

產品品質自然是廠長最關心的問題之一，銷售人員這麼一問，無疑將引導對方逐步進入面談。在運用這一技巧時應注意，銷售人員所提問題，應是對方最關心的問題，提問必須明確具體，不可言語不清楚，模棱兩可；否則，很難引起顧客的注意。

6.強調與眾不同

銷售人員要力圖創造新的推銷方法與推銷風格，用新奇的方法來引起顧客的注意。

日本一位人壽保險銷售人員，在名片上印著「76600」的數字，顧客好奇地問：「這個數字是什麼意思？」銷售人員反問道：「您一生中吃多少頓飯」？幾乎沒有一個顧客能答得出來，銷售人員接著說：「76600頓嗎？假定退休年齡是55歲，按照日本人的平均壽命計算，您只剩下19年的飯，即20805頓……」這位推銷員用一個新奇的名片吸引住了顧客的注意力。

7.真誠的讚美

大多數人都喜歡聽到好聽的話，客戶也不例外。因此，讚美就成為接近顧客的好方法。讚美準顧客必須要找出別人可能忽略的特點，而讓準顧客知道你的話是真誠的。讚美的話若不真誠，結果往往是適得其反的。恰到好處的讚美往往要先經過思索，不但要有誠意，而且要選定既定的目標。下面是幾個讚美客戶的開場白實例。

「伍總，您這房子真漂亮。」這句話聽起來像拍馬屁。

「伍總，您這房子的大廳設計得真別致。」這句話就是讚美了。

「趙經理，我聽服裝廠的吳總說，跟您做生意最痛快不過

149

了。他誇讚您是一位熱心爽快的人。」

「恭喜您啊，黃總，我剛在報紙上看到您的消息，祝賀您當選十大傑出企業家。」

2 用客戶聽得懂的語言進行交流

在銷售過程中，銷售人員用買主的語言和顧客交流，這樣才能主動把顧客牢牢地吸引住。

通俗易懂的語言最容易被大眾所接受。無論你的話多麼動聽、內容多麼重要，溝通最起碼的原則是對方能聽得懂你的話。所以，在銷售過程中，銷售人員要多用通俗化的語句，要讓自己的客戶聽得懂。如果顧客聽不懂你的方言，你要儘量用普通話；顧客不明白你講的術語或名詞時，要轉換成對方熟悉的、容易理解的語言，等等。

有一名採購員受命為辦公大樓採購大批的辦公用品。他向銷售人員介紹了他們每天可能收到的信件的大概數量，並對信箱提出一些要求，這位銷售人員聽後臉上露出了大智不凡的神氣。考慮片刻，他便認定這位採購員最需要他們的 CSI。

「什麼是 CSI?」採購員問。

「什麼？」他以凝滯的語調回答，內中還夾著幾分悲歎，「這

就是你們所需要的信箱。」

「它是紙板做的、金屬做的，還是木頭做的？」採購員問。

「噢，如果你們想用金屬的，那就需要我們的 FDX 了，也可以為每一個 FDX 配上兩個 NCO。」

「我們有些列印件的信封會相當長。」採購員說明。

「那樣的話，你們便需要用配有兩個 NCO 的 FDX 轉發普通信件，而用配有 RIP 的 PLI 轉發列印件。」

這時採購員稍稍按捺了一下心中的怒火，「小夥子，你的話讓我聽起來十分荒唐。我要買的是辦公用品，不是字母。如果你說的是希臘語、亞美尼亞語或英語，我們的翻譯或許還能聽出點門道，弄清楚你們的產品的材料、規格、使用方法、容量、顏色和價格。」

「噢，」他開口說道，「我說的都是我們的產品序號。」

最後這個採購員運用律師盤問當事人的技巧，費了九牛二虎之力才慢慢從銷售人員嘴裏弄明白他的各種信箱的規格、容量、材料、顏色和價格。

由此我們可以看出，如果一個銷售人員在銷售自己的產品時，所用的語言都是專業術語，不能讓顧客清楚地知道產品的特性及用途，那麼就很難成功地銷售自己的產品。

用顧客聽得懂的語言向顧客介紹產品，這是最簡單的常識。有一條基本原則對所有想吸引顧客的人都適用，那就是如果信息的接受者不能理解該信息的內容，那麼這個信息便產生不了它預期的效果。

銷售人員對產品和交易條件的介紹必須簡單明瞭，表達方式必須直截了當。表達不清楚，語言不明白，就可能會產生溝通障礙。此外，銷售人員還必須使用每位顧客所特有的語言和交談方式。跟青少年談話不同於跟成年人的交談；使專家感興趣的方式，不同於使外行們感興趣的方式。

這裏有一個很好的例子可以說明使用適合顧客的語言多麼有效。

一對父子正在建設一座奶牛場，兒子管奶牛，父親做細木匠，將賺來的錢投入奶牛場建設以擴大牛群，兩人都指望有朝一日能靠這座奶牛場養老送終。這父子倆都承認，如果在今後10年內父親發生什麼意外，全家就不可能達成此目標，因為現在奶牛場尚不能靠一個人支撐下去，還需要有額外資金支援。可是，當銷售人員提到，為了給父親購買足額的人壽保險，以保證他萬一發生意外後他的保險金還能繼續向牛奶場提供必需的資金，可以把牛群擴大到可以贏利的規模，有必要每年交一筆保險費時，全家人都表示反對，說他們沒錢，辦不到。銷售人員馬上換了一種說法來爭取他們：「為了保證萬一你們當家的遇到不幸你們能繼續達到既定的目標，你們願意把那兩頭牛的牛奶送給我嗎？只當你們沒有那兩頭牛好了。不管出什麼天大的事，它們的牛奶都可以保證你們在將來一定能建成盈利的奶牛場。」結果，他做成了生意。

銷售人員在與不同的顧客談話時，都應當認真地選用適合於顧客的語言。然而，銷售人員常犯的錯誤就在於，過多地使用技術名

詞、專有名詞向顧客介紹產品，使顧客如墜霧裏，不知所云。試問，如果顧客聽不懂你所說的意思是什麼，你能打動他嗎？

在銷售過程中，銷售人員要盡量使用淺顯易懂的詞語，切忌使用過多的「專業名詞」，讓顧客不能充分理解你所要表達的意思。過多的專有名詞會讓顧客摸不著頭腦，無法產生共鳴，不會產生心動。而顧客沒有心動，當然也就不會有購買行為。

基於此，銷售人員應該把一些術語，用簡單的話語進行轉換，讓人聽後明明白白，才能達到溝通目的，產品銷售也才會沒有語言阻礙。

心得欄 -------------------------------

----

3 不要跟客戶爭辯

　　銷售人員永遠不要顯得比顧客高明，即使是顧客錯了，也不要與其爭吵。因為，爭辯不是銷售的目的，銷售人員佔爭論的便宜越多，吃銷售的虧就越大。

　　銷售失敗的主要原因之一就是與顧客爭個高低。銷售人員和顧客作為利益不同的主體，在洽談過程中必然會出現各種矛盾，在異議處理過程中這種傾向尤其容易發生。在回答顧客問題或異議的時候，有時你會發現不知不覺中你已與顧客爭論起來，氣氛相當激烈。這時你要切記：客戶的意見無論是對是錯，是深刻還是幼稚，都不能表現出輕視的樣子，更不能表現出不耐煩或東張西望。不管顧客如何反駁你，與你針鋒相對，你都要心平氣和，避免與其爭辯，不給他心理受挫的失敗感和抵觸感。爭辯中的勝利者永遠是生意場上的失敗者。爭辯不是說服客戶的好方法。與客戶爭辯，失敗的永遠是銷售人員。

　　歐哈瑞現在是紐約某汽車公司的明星銷售人員。他怎麼成功的？以下是他的說法：「如果我現在走進顧客的辦公室，而對方說：『什麼？懷德卡車？不好！你送我我都不要，我要的是何賽的卡車。』我會說：『老兄，何賽的貨色的確不錯。買他們的卡車絕對錯不了。何賽的車是優良公司的產品，業務員也相當

優秀。』

「這樣他就無話可說了，沒有爭論的餘地。如果他說何賽的車子最好，我說不錯，他只有住口。他總不能在我同意他的看法後，還說一下午的何賽的車子最好吧。接著我們不再談何賽，我就開始介紹懷德的優點。」

「而當年若是聽到他那種話，我早就氣得不行了。我會開始挑何賽的錯；我越批評別的車子不好，對方就越說它好；越是辯論，對方就越喜歡我的競爭對手的產品。」

「現在回憶起來，真不知道過去是怎麼幹銷售工作的。花了不少時間在爭辯上，卻沒有取得有效的成果。」

一句銷售行話是：「佔爭論的便宜越多，吃銷售的虧越大。」銷售不是向客戶辯論、說贏客戶。客戶要是說不過你，他可以不買你的東西來「贏」你啊。不能語氣生硬地對客戶說：「你錯了」或」連這你也不懂」。這些說法明顯地抬高了自己，貶低了客戶，會挫傷客戶的自尊心。

對於那些過於敏感的客戶，要儘量避免直接或間接對他們作出可能冒犯的評語，即使如「有點」、「可能」這類有所保留的語氣，都會讓他們心亂如麻，因此言談時慎選你的用詞，指出事實就好。尤其要讓他們瞭解你只是針對事情本身提出意見，而不是在對他們做人身攻擊。針對他們過度的反應，銷售人員不要也跟著亂了陣腳急於辯解，那可能會越描越黑，只要重申事情本身就好。提出意見時也同時指出他們的優點，以及表現出色的地方，以建立他們的自信心。

作為一名優秀的銷售人員，應具有 3～5 分鐘時間內與一個原本陌生的客戶建立一見如故感覺的親和力。只有交易雙方在十分融洽的環境中，雙方都不好輕易否定對方從而不讓對方說「不」。銷售不是口若懸河，讓客戶沒有說話的餘地。沒有互動，怎麼可能掌握客戶的需求呢？

對於一些「為反對而反對」或「只是想表現自己的看法高人一等」的客戶，若是你認真地處理，不但費時，還有可能旁生枝節。客戶提出一些反對意見，並不是真的想要獲得解決或討論，你只要面帶笑容地同意他就好了。你要讓客戶滿足表達的慾望，然後迅速地引開話題。

人有一個通病，不管有理沒理，當自己的意見被別人直接反駁時，內心總是不痛快，甚至會被激怒。心理學家指出，用批評的方法不能改變別人，而只會引起別人的反感，批評所引起的憤怒常常引起人際關係的惡化，而被批評者依舊不會得到改善。當客戶遭到一位素昧平生的銷售人員的正面反駁時，其狀況尤甚。不要對客戶的反對意見完全否定，不管是否在議論上獲勝，都會對客戶的自尊造成傷害，如此要成功地商洽是不可能的。屢次正面反駁客戶，會讓客戶惱羞成怒，就算你說得都對，也沒有惡意，還是會引起客戶的反感，因此，銷售人員最好不要開門見山地直接提出反對的意見，要給客戶留點「面子」。

永遠不要和客戶爭辯。因為那樣的話，客戶會產生抵觸情緒。客戶不是我們的敵人，而是未來的合作夥伴，銷售的目的是為了達到雙贏，而不是要辯得對方理屈詞窮。人性中都有希望被人肯定的

一面，希望透過表達自己的意見達到展示自我價值的目的，我們的客戶也一樣。人的潛意識裏都有需要尊重、理解和表現的心理，所以不要常常把客戶的意見當成是惡意的挑剔，也不要與客戶展開激烈的爭辯。即使需要「辯」也應該是親和式的交流，讓對方在愉快的心情下接受你專業的引導。

千錯萬錯，客戶沒錯。

「客戶永遠是對的」沃爾瑪百貨公司在它的牆上貼著一條非常醒目的標語，每一個進入商店的人都可以看到：

⑴顧客永遠是對的。

⑵顧客如果有錯誤，請參看第一條。

創始人山姆‧沃爾頓如是說：「事實上，顧客能夠解僱我們公司的每個人，他們只需要到其他的地方去花錢，就可以做到這一點。」由於沃爾瑪在行業的影響力，一時間這句話傳遍了大江南北。於是有很多的企業都把「客戶永遠是對的」、「顧客第一」、「服務第一」等類似的口號用在企業的廣告行銷創意中，並有很多的企業把它作為企業的宗旨。

一天，一位老太太帶著一個輪胎，來到諾茲特勞姆連鎖店要求退貨，她堅持說這只輪胎是在這裏買的，其實這家店從來就沒有銷售過這種輪胎。

售貨員很有禮貌地向她解釋說：「我們店裏面從來就沒有銷售過這種輪胎，您肯定是弄錯了。」

「不。」老太太堅持說，「我肯定是在這裏買的，只要我不滿意你們就得退貨。」

　　最後，銷售人員和主管商量後，他們決定接受「自己的輪胎」，並以非常好的態度將錢款退還給了她，老太太很滿意地離開了。

　　從那以後，這位老太太成了諾茲特勞姆連鎖店的忠實客戶。

　　諾茲特勞姆連鎖店的服務宗旨是「客戶永遠是對的，我們要為客戶做一切可能做到的事情」。在這個令人回味的故事中，事件的價值在於當顧客的確是「錯的」的時候，諾茲特勞姆還是用一種令顧客滿意的方式解決了客戶的問題。

心得欄 ---------------------------------

4　巧妙詢問客戶

　　只有問了才能瞭解客戶的真實需求，問得越多，你瞭解的就會越多，這時候你就能更好地把握客戶的真實需求。

　　一位電子產品銷售人員在推銷產品時，與顧客進行了這樣一番對話：

　　銷售人員：「您孩子快上中學了吧？」

　　顧客愣了一下，說：「對呀。」

　　銷售人員：「中學是最需要開啟智力的時候，您是不是很想提高孩子的智力？」

　　顧客：「是啊，不過還不知道怎樣做才有效。」

　　銷售人員：「我這兒有一些遊戲軟碟，對您孩子的智力提高一定有益。您肯定認為給孩子買遊戲盤會耽誤他的學習是吧？」

　　顧客：「呵呵，是這麼想的。」

　　銷售人員：「我的這個遊戲卡是專門為中學生設計的，它是一款把數學、英語結合在一起的智力遊戲，絕不是一般的遊戲卡。」

　　顧客開始猶豫。

　　銷售人員接著說：「現在是一個知識爆炸的時代，不再像我們以前那樣一味從書本上學知識了。現代的知識是要透過現代

的方式學的。您不要固執地以為遊戲卡是害孩子的，遊戲卡現在已經成了孩子的重要學習工具了。」

接著，銷售人員從包裏取出一張磁卡遞給顧客，說：「這就是新式的遊戲卡，來，咱們試一下。」

果然，顧客被吸引住了。

銷售人員趁熱打鐵：「現在的孩子真幸福，一生下來就處在一個良好的環境中，家長們為了孩子的全面發展，往往在所不惜。我去過的好幾家都買了這種遊戲卡，家長們都很高興能有這樣有助於孩子的產品，還希望以後有更多的系列產品呢。」

顧客已明顯地動了購買心。

銷售人員：「這種遊戲卡是給孩子的最佳禮物！孩子一定會高興的！您想不想要一個呢？」

結果是，顧客心甘情願地購買了幾張遊戲軟碟。

在這裏，銷售人員巧妙地運用了詢問的藝術，一步一步，循循善誘，激發了顧客的購買慾望，使其產生了擁有這種商品的感情衝動，促使並引導顧客採取了購買行動。這位銷售人員非常專業。站在對方的立場上來思考，設身處地，投其所好，發現對方的興趣、要求，而後再進行引導，曉之以理，動之以情，使之與我們的想法同調，最後使之接受。

據說，墨西哥的大企業家辦公室中常有兩把椅子並行排列，「商談」時並肩而坐，這樣，便能促使「商談」順利完成。因為這時由於雙方的步調一致、立場一致，給人們的就不是「你我」的感覺，而是「我們」的感覺。

老練的銷售人員在說服開始時，總是避免討論一些容易產生意見分歧的問題，在洽談結束時再提出這些問題，雙方比較容易得到一致的意見。為了順應對方與之同步，「詢問」是一個有效的說話方法。在整個說服過程中，銷售人員應該不斷地向顧客提出問題，有了一問一答，我們就如同手握舵盤，可控制談話的過程。

但要注意的是，在開始的時候，最好只使用詢問的方法提問，在說服進行到一定的階段時，才能向顧客提出那些你想真正得到答覆的問題。推銷中以提問的方式進行正面引導可以起到使對方易於接受的作用。這裏介紹的所謂的「肯定性誘導發問法」就是對提問的較好運用。「肯定性誘導發問法」是對肯定性說法、誘導性說法以及發問的說話方法三種方式的同時運用：

首先是肯定性說法——「這種產品很受歡迎的。」

其次是誘導性說法——「咱這機器有大小兩種，不知您願選擇那一種，不過我想是不是大的比較好呢？」

最後是發問的說法——「先生您要如何使用呢？」

在舉例子說明「肯定性誘導發問法」之前，先看一下與它相反的「否定性誘導結論法」，也就是不用對方開口回絕，自己就把成交的路口堵死的方法。試看下面兩例是如何下否定性結論的：「由於這是宗大買賣，所以請您考慮一下，等決定了再告訴我。」

「照這種情形來看，今天還是不會有結論的了？」

舉上述反面例子是為了推薦「肯定性誘導發問法」，如有些讀者還在進行著上述否定性的商談，建議你參照、學習「肯定性誘導發問法」。現舉例如下：

⑴「假如現在不能作出決定，您不覺得以後將更無法決定了嗎？而且對您來說，採取這種做法不是只會增加您過多考慮的麻煩還有時間上的浪費嗎？」

⑵「假如是在這種情形下作決定，您不覺得現在就下結論比較合適嗎？如果再考慮下去的話，您不認為這樣做只是等於把工作往後拖延嗎？」

⑶「您是不是要找什麼人商量呢？還是可以單獨決定？」

⑷「您不覺得現在一起決定比較好嗎？還是要分開來考慮？」

⑸「是不是車站附近比較方便？還是您要選擇什麼環境？」

⑹「紅色的看起來是挺不錯，但綠色的是不是更合適？」

⑺「是頭次付款多一點呢，還是選擇等額付款？」

⑻「這次您還是租用嗎？或是要分期付款？」

⑼「要不要簽訂契約？或者先預約？」

⑽「三天后再交貨可以嗎？如果你急用要不要現在先帶回去呢？」

一般來說，銷售人員一旦提出自己的決定，客戶就會有對方在強迫自己購買的感覺，因而產生拒絕性的反應。所以銷售人員應該視情況的變化，委婉詢問，逐步把客戶引到自己所希望的方向上來。上面的最後一例就是這種情形。當然這樣做的前提是銷售人員必須牢牢把握主導權，如果喪失主動，被買方牽著鼻子走，那麼銷售人員就極容易陷入混亂，推銷商談難以順利進行。

5　從客戶感興趣的話談起

　　有一次，保險銷售人員瑞克銷售的對象是一家地點及環境良好，店面外觀非常氣派的糕餅店。瑞克一看店面的外觀，內心便有了可能會遭到挫折的心理準備。當瑞克走進店內時，店主正忙於糕點的包裝。店主除了瞄一下四週外，看也不看瑞克一眼。不久一位好像老闆娘的人出來，瑞克立刻向她打招呼，但她也只是冷漠地看了瑞克一下，便低頭默默地做她的工作。瑞克在該店內足足站了 20 分鐘仍無法與他們進行任何交談，不得已只好放棄銷售的念頭。

　　10 天后，瑞克再度訪問該店時，店主似乎完全忘了瑞克上次來過的事。這次瑞克改變策略，先請正在做糕餅的店主包裝好 10 塊點心，瑞克付了錢後，拿出兩塊點心當場食用，同時開始了銷售活動。

　　「老闆，你的糕點很爽口。真好吃，是你親手做的嗎？是用鐵鍋烤燒的吧？用的是砂糖吧？」

　　聽了瑞克這些話，店主便開始說：「不錯！你怎麼會知道呢？這種餅好吃與否完全在於它的餡料，我們店裏人不使用劣質的糖做餡。你一定吃得出餅的外皮也很好吃吧？這都是我親自烤的，不像別家店用機器烤的，那樣會使糕點平淡無味。我

163

認為做生意不完全是為了賺錢，如果為了賺錢用料不足，不但會因為客戶的批評而無顏面，也對不起自己的良心。啊，我想起來了。你上次來過，你是做什麼的呢？」

「沒什麼，我今天來是想買些餅，因為我的客戶很喜歡吃你的餅，所以我想買些送給他們。」

「我看你肯定是有什麼事。這樣吧，晚上你再來一趟好了，有什麼生意的話，到時候再談。」

就這樣，瑞克成功地簽了一張大保單。

有些客戶對銷售人員反應冷淡，不願輕易說出自己的想法，令人難以揣摩。對待這種客戶，銷售人員首先要用溝通的手段拉近客戶和自己的心理距離，然後再漸入主題。

閒聊是與客戶溝通的最好形式之一。銷售人員可以透過閒聊表達你對客戶的善意，激發客戶對你的好感。當你說話時，如果能使對方談他感興趣的事情，就表示你已經很巧妙地吸引了對方。當客戶對和你溝通的過程很滿意時，你的產品銷售就有希望了。

一位穿著優雅的年輕女士在一家首飾店的櫃台前看了很久。售貨員問了一句：「小姐，您要什麼？」

「隨便看看。」女士的回答明顯缺乏足夠的熱情，可她仍然在仔細觀看櫃台裏的陳列品。此時售貨員如果找不到和客戶共同的話題，讓客戶開口，可能就會白白失去一筆生意。細心的售貨員發現了女士的裙裝別具特色，就說：「您這件裙子好漂亮呀！」

「啊！」女士的視線從陳列品上移開了。

「這種斜條紋的色調很少見，是在隔壁的百貨大樓買的嗎？」顯然這是售貨員在設計話題。

「當然不是！這是從外國買來的。」女士終於開口了，並對自己的回答頗為得意。

「是這樣呀，我說在國內從來沒有看到這樣的裙裝呢。說真的，你穿這套裙裝，確實很漂亮。」

「您過獎了。」女士有些不好意思了。

「只是……對了，可能您已經想到了這一點，要是再配一條合適的項鏈，效果可能就更好了。」聰明的售貨員終於轉向了主題。

「是呀，我也這麼想，只是項鏈這種昂貴商品，怕自己選得不合適。」

「沒關係，來，我來為您參謀一下。」

最後，這位女士終於在這家首飾店購買了一條自己滿意的項鏈。

優秀的銷售人員之所以優秀，是因為銷售人員在銷售過程中對客戶提出了好的問題，說出了客戶感興趣的話，然後就可以引導客戶作出正確的購買決定。要知道每個人都有自己引以為傲的事物，每個人也都有那麼點虛榮心。希望別人誇獎自己。有經驗的銷售者往往能在很短的閒談時間內開始讚美式的提問，消除客戶的戒備心理，進而促成買賣成交。

6 巧妙引導客戶的購買慾望

人們只有在真心喜歡一件商品，而且確實需要這種商品時，才會心甘情願地購買，而喜歡的基礎便是好奇心與興趣，是購買的慾望。正基於此，那些成功的銷售人員總是善於從這個突破口人手，用自己巧舌如簧的口才去激發顧客的購買慾望。

透過製造一些懸念，來激起對方的好奇心，隨後再順水推舟地來推銷自己的商品。這種利用口才銷售的方式，到後來逐漸發展成為了一種有效的推銷模式，就是在與顧客見面時進行恰當的提問。例如，「您想知道，能夠使你的營業額提高 50%的方法嗎？」

對於這種問題，相信大部份的人都會回答有興趣。當客戶被這種問題吸引並為之所動時，銷售人員就應該立即接著說：「我只佔用您大概 10 分鐘的時間來向您介紹這種方法，當您聽完後，您完全可以自己判斷這種方法是不是適合您。」

在這種情況下，由於銷售人員已經提前告知了客戶，不會佔用其太多的時間，而且同時又讓客戶明白了，在銷售的過程中主動權是掌握在他們手中。這樣就有效地消除了客戶的抵觸心理，從而使得銷售活動進一步向前發展。

作為一個成功的推銷員，必須要讓客戶的思想跟著你走。如果達不到這種程度，就不能將局面引向對自己有利的方面。這樣下去

的話，銷售工作也就很難取得成功。所以在與客戶溝通的過程中銷售人員必須掌握主動權，而掌握主動權的關鍵就在於你的銷售口才。

大量的銷售實踐證明，巧妙有效的語言表達，完全可以使本來極不利於自己的形勢發生逆轉。

一個推銷員是這樣開始與客戶溝通的：

「哦，好可愛的小狗，是英國的金毛犬吧？」

客戶看到對方說話很友善，又在誇讚自己的小狗，心中很高興，於是回答說：「是的。」

推銷員接著又說：「這狗毛色真好，您一定經常給它洗澡，很累吧？」

客戶笑嘻嘻地答道：「是啊，不過它也算是我的伴，也給我的生活增添了不少快樂，習慣了，也就不覺得累了。」

推銷員進一步分析說：「人不能太孤獨，總得有個陪伴，養犬是調節精神、有利身心健康的活動，我覺得應該大力提倡。」

客戶聽了推銷員的話，心裏感覺很舒服。於是，就和推銷員攀談了起來。而推銷員也就抓住這個機會，並適時轉換話題，來巧妙地推介自己的產品。這種情況下的銷售，成功的概率也就比較大了。

可見，銷售人員在接近客戶時，如果找到容易被客戶接受的話題，尤其是一些對方感興趣的話題，就很容易與對方攀談起來，並將商品適時銷售出去。這也是推銷成功的一種最基本的方法。

7 用獨特的語言吸引客戶

　　人們只有在真心喜歡一件商品，而且確實需要這種商品時，才會心甘情願地購買，而喜歡的基礎便是好奇心與興趣，是購買的慾望。正基於此，那些成功的銷售人員總是善於從這個突破口入手，用自己獨特的、有吸引力的語言，吸引客戶，達成交易。

　　二戰的時候，美國軍方推出了一個保險，這個保險是如果每個士兵每個月交 10 元錢，那麼萬一上戰場犧牲了，他會得到 1 萬美元的保費。險種出來後，軍方認為大家肯定會踴躍購買，便把命令下到各連，要每個連的連長向大家宣佈這種險種，希望大家購買。而各個連隊按照上級的命令，把戰士們召集到一起後，向大家說明了情況，可是卻沒有一個人願意購買。

　　連長就納悶地說：「這可怎麼辦？怎麼會是這個樣子呢？」大家的心理其實也很簡單，在戰場上是過了今天沒明天的，還買這個保險有什麼用呀？10 美元還不如買兩瓶酒喝來得實際，所以，大家都不願意購買。

　　這時連裏的一個老兵站起來說：「連長，讓我來幫助你銷售一下吧。」

　　連長很不以為然：「我都說服不了。你能有什麼辦法呀？既然你願意說，那你就來試一試吧。」

　　這位老兵說：「弟兄們，我和大家來溝通一下。我所理解的這個保險的含義是這個樣子的，戰爭開始了，大家都將會被派到前線上去，假如你投保了的話，如果到了前線你被打死了，你會怎麼樣？你會得到政府賠給你家屬的 1 萬美元；但如果你沒有投這個保險，你上了戰場被打死了，政府不會給你一分錢。也就是說你等於白死了，是不是？各位想一想，政府首先會派戰死了需要賠償 1 萬美元的士兵上戰場，還是先派戰死了也白死的不用賠給一分錢的士兵上戰場呀？」

　　老兵這一番入情入理的話說完之後是什麼結果呢？全連弟兄紛紛投保，大家都不願成為那個被第一個派上戰場的人。

　　當然，這個故事有點黑色幽默的成分在裏面，不過，設身處地地想一想，如果你是一名士兵，處於戰火紛飛的戰場上，聽了老兵的這番話，你會購買嗎？估計你也得乖乖地把錢掏出來吧？

　　美國新澤西州的一對老夫婦準備賣掉他們的房子，他們委託一家房地產經紀公司承銷。這家經紀公司為這棟房子在報紙上刊登了一個廣告，廣告的內容很簡短：「出售住宅一套，有 6 個房間，壁爐、車庫、浴室一應俱全，交通十分方便。」

　　但是，這則廣告刊出一個多月後仍然無人問津。無奈之下，那對老夫婦只好又登了一次廣告，這次他們親自撰寫了廣告詞：「住在這所房裏，我們感到非常幸福。只是由於兩個臥室不夠用，我們才決定搬家。如果您喜歡在春天呼吸濕潤新鮮的空氣，喜歡夏天庭院裏綠樹成蔭，喜歡在秋天一邊欣賞音樂一邊透過寬敞的落地窗極目遠眺，喜歡在冬天的傍晚全家人守著溫

169

暖的壁爐喝咖啡，那麼請您購買我們的這所房子，我們也只想把房子賣給這樣的人。」

結果，這則廣告刊出還不到一個星期，房子就順利地賣出去了。

這對老夫婦最終親自成功地推銷了他們的老房子，發生這種逆轉的關鍵在於他們那更富煽動性、更具吸引力的銷售廣告語言。因為，他們的推銷語言中不僅含有商品的信息，同時也運用了更具藝術性的語言將相關信息表述得更加新穎、更有針對性，從而增強信息刺激的力度，加速了客戶將購買意圖轉化為購買行為的進程。

可見，要想成功地實現銷售，一個至關重要的環節就是首先用自己的語言來吸引客戶的注意力，使客戶對推銷的對象產生興趣，進而才有可能說服客戶，並促使其最終作出購買的決定。

上面的兩個故事給我們的啟示是：銷售人員只有用自己獨特的、有吸引力的語言，才能吸引客戶，達成交易。如果先適當地恭維客戶一番，再根據自己的推銷需要，提出相關的問題，就能夠比較容易地獲得對方的好感，那麼，隨後的推銷過程就會順利很多。傑出的推銷員，基本上都是全才，為了能銷售更多的產品、吸引更多的客戶，必須十八般武藝樣樣會。不但能說能笑，能讀懂客戶的心理，還要能講故事，能打比喻，能以情動人，讓客戶笑著接受你和你的產品。

8 用幽默打開顧客拒絕之門

　　銷售人員要具備爽朗的性格和幽默的談吐，這將有助於你營造一個愉快的銷售氣氛。幽默是銷售過程中轉化客戶拒絕的靈丹妙藥。沒有什麼比幽默更有利於建立關係，幽默是一種接合零件，是打開客戶拒絕之門的鑰匙。

　　在銷售過程中，如果出現了客戶拒絕，甚至陷入了僵局，這時候如果銷售人員恰當地使用幽默的語言，就會給雙方帶來歡樂，拉近彼此的距離，高雅風趣、機智巧妙、深入淺出的幽默語言能夠起到化拒絕為接受，化敵意為友好的作用。使對方在詼諧中領悟你的意圖，進而化解拒絕，出現柳暗花明又一村的境地。

　　日本銷售大師原一平曾經有過這樣的經歷：

　　有一天，原一平去拜訪一位準客戶，他敲開了客戶的家門，「您好！我是明治保險公司的原一平。」

　　客戶敷衍道：「哦。」對方端詳著名片，過了一會兒，才慢條斯理地抬頭說：「幾天前某保險公司的業務員曾來過，他還沒講完，我就打發他走了。我是不會投保的，你多說也是無用的，為了不浪費你的時間，我看你還是找其他人吧。」

　　「真謝謝你的關心，您聽完我的介紹之後，如果不滿意的話，我當場切腹。無論如何，請你撥點時間給我吧！」原一平

171

一臉正氣地說。

　　對方聽了忍不住哈哈大笑起來，說：「你真的要切腹嗎？」

　　「不錯，就這樣一刀刺下去。」原一平邊回答，邊用手比劃著。

　　客戶說：「你等著瞧，我非要你切腹不可。」

　　「來啊，我也害怕切腹，看來我非要用心介紹不可啦。」

　　講到這裏，原一平的表情突然由「正經」變為「鬼臉」，於是，準客戶和原一平一起大笑起來。當兩個人同時開懷大笑時，陌生感消失了，成交的機會就可能來臨。

　　在特定的環境下，原一平以「死」相逼的誇張手法，製造了一個戲劇化的場面，打破了客戶的拒絕，不能不說是幽默運用的傑作。由此可見，銷售人員爽朗的性格和幽默的談吐是轉化客戶拒絕態度的良方，如果運用得當，會起到事半功倍的效果。

　　成功的銷售源自語言的藝術。出色的銷售人員，是一個懂得如何運用語言的藝術轉化客戶拒絕的人。美國有 329 家大公司參加的幽默意見調查表明：97%的銷售人員認為，幽默在銷售中具有很重要的價值，60%的人甚至相信，幽默感決定銷售事業成功的程度。

第 八 章

讓客戶無法拒絕的示範技巧

一次示範勝過一千句話。成功的產品展示，往往能夠抓住顧客的視線，激發顧客瞭解、參與的慾望，迅速達成交易。讓客戶試用產品，使顧客充分感受到產品的好處和帶來的利益，增強其信任感和信心，一旦購買也不會產生後悔心理。

1 用完美的示範打動客戶的心

好產品需要示範，一個簡單的示範勝過千言萬語，其效果可讓你在一分鐘內作出別人一星期才能達成的業績。任何商品都可以拿來做示範。而且，在 10 分鐘所能表演的內容，比在 1 個小時內所能說明的內容還多。在銷售高手看來，無論銷售的是商品、保險或教育，任何商品都有一套示範的方法，他們把示範當成真正的銷售

工具。

成功的產品展示往往能夠一下子抓住顧客的視線，激發顧客瞭解、參與的慾望，迅速達成交易。

一位成功的推銷員，在示範產品時，會仔細觀察客戶的身體語言信號，評估客戶對產品示範的反應，並據此調整示範方法，促使交易完成。

銷售人員在向陌生的顧客介紹產品時，必須進行有效的產品展示。透過對產品功能、性質、特點等的展示及使用效果的示範表演等，使消費者看到購買產品後所能獲得的好處和利益。產品為消費者帶來的好處及利益是促使消費者購買的真正動機。消費者希望在銷售人員口頭介紹產品的信息後，能親眼看到，甚至親身體驗到產品的優勢與作用，以加深認識和記憶，這就是「百聞不如一見」的道理。

一家有機玻璃公司的銷售人員，進入公司幾個月以來，成績一直都不是很理想，他認為自己在與客戶面談時已經很努力了，但是一直不出成績，他左思右想總是找不到原因所在。

有一次，他在與一位客戶面談時，那位客戶要求他拿小鐵錘敲打玻璃樣品，親自示範一下有機玻璃的性能，他照客戶的話去做了。一錘下去，玻璃絲毫無損，客戶立即下了訂單。

有了這次成功的經驗，他在以後的推銷過程中，總是會帶著玻璃樣品和一把小鐵錘，而在向客戶介紹完有機玻璃的性能之後，他總是會拿小鐵錘在玻璃上砸幾下，客戶看得心服口服，當然他的訂單也就越來越多了。不到半年的時間，他的業績就

穩居公司的前列。同事們感到很意外，當問到他到底有什麼秘訣時，他說道：「首先要向客戶介紹自己的產品，然後再用小鐵鎚砸玻璃，客戶在事實面前自然就心服口服，簽下訂單嘍！不過，最好由客戶自己來砸玻璃，這樣客戶才更容易相信。」

　　我們要打動客戶就得讓他們在演示參與中充分感受到產品的優勢所在，並對某個性能有著強烈的讚賞。

心得欄 _____

_____

_____

_____

_____

_____

2 設法激發客戶的購買慾

　　遍地都是的東西也有可能蘊藏著你意想不到的價值，就看你能不能發掘它。

　　推銷並不僅限於要把產品推銷給需要它的人，推銷的最高境界是：即使他擁有無數個同類的東西，只要能夠找出與它同類東西的差異，以情動人，以誠待人，就能使客戶產生購買意願。推銷員應該儘量讓客戶覺得，即使他已經有了這個東西，但仍需要購買。

　　遍地都是的東西也有可能蘊藏著你意想不到的價值，就看你能不能發掘它。

　　湯姆‧霍普金斯在接受一家報紙記者的採訪時，記者向他提出一個挑戰性的問題，要他當場展示一下如何把冰賣給愛斯基摩人。

　　於是就有了下面這個膾炙人口的銷售故事：

　　湯姆：「您好！愛斯基摩人。我叫湯姆‧霍普金斯，在北極冰公司工作。我想向您介紹一下北極冰給您和您的家人帶來的許多益處。」

　　愛斯基摩人：「這可真有趣。我聽到過很多關於你們公司的好產品，但冰在我們這兒可不稀罕，它用不著花錢，到處都是，我們甚至就住在這東西裏面。」

　　湯姆：「是的，先生。注重生活品質是很多人對我們公司感興趣的原因之一，而看得出來您就是一個很注重生活品質的人。你我都明白價格與品質總是相連的，能解釋一下為什麼你目前使用的冰不花錢嗎？」

　　愛斯基摩人：「很簡單，因為這裏遍地都是。」

　　湯姆：「您說得非常正確。你使用的冰就在週圍。日日夜夜，無人看管，是這樣嗎？」

　　愛斯基摩人：「噢，是的。這種冰太多太多了。」

　　湯姆：「那麼，先生，現在冰上有我們，你和我，你看那邊還有正在冰上清除魚內臟的鄰居們，北極熊正在冰面上重重地踩踏。還有，你看見企鵝沿水邊留下的髒物嗎？請您想一想，設想一下好嗎？」

　　愛斯基摩人：「我寧願不去想它。」

　　湯姆：「也許這就是為什麼這裏的冰不用花錢……能否說是經濟合算呢？」

　　愛斯基摩人：「對不起，我突然感覺不大舒服。」

　　湯姆：「我明白。給您家人飲料中放入這種無人保護的冰塊，如果您想感覺舒服必須得先進行消毒，那您如何去消毒呢？」

　　愛斯基摩人：「煮沸吧，我想。」

　　湯姆：「是的，先生。煮過以後您又能剩下什麼呢？」

　　愛斯基摩人：「水。」

　　湯姆：「這樣你是在浪費自己時間。說到時間，假如您願意

在我這份協議上簽上您的名字，今天晚上你的家人就能享受到最愛喝的，既乾淨又衛生的北極冰塊飲料。噢，對了，我很想知道你的那些清除魚內臟的鄰居，您以為他是否也樂意享受北極冰帶來的好處呢？」

湯姆·霍普金斯在初踏入銷售界的前 6 個月屢遭敗績，於是潛心學習鑽研心理學、公關學、市場學等理論，結合現代觀念推銷技巧，終於大獲成功。他被譽為」世界上最偉大的推銷大師」，接受過他訓練的學生在全球超過 1000 萬人。

他在美國地產界三年內賺到了 3000 多萬美元，成為金氏世界地產業務員年內銷售最多房屋的保持者，平均每天賣一幢房子，並成功參與了可口可樂、迪士尼、寶潔公司等傑出企業的推銷策劃。

心得欄

3 完美的示範，勝過一千句話

　　介紹產品時，適當的示範所起的作用也是很大的。一位推銷大師說過，「一次示範勝過一千句話」。

　　示範為什麼會具有這麼好的效果呢？因為顧客喜歡看表演，並希望親眼看到事情是怎麼發生的。示範除了會引起大家的興趣之外，還可以使你在銷售的時候更具說服力。因為顧客既然親眼看到，所謂「眼見為實」，腦子裏也就會對你所推銷的產品深信不疑。

　　一家大型電器公司一直在向一所中學推銷他們的用於教室黑板的照明設備。聯繫過好多次，說過好多好話，都無結果。一位推銷員想出了一個主意。他抓住學校老師集中開會的機會，拿了根細鋼棍站到講台上，兩手各持鋼棍的一端，說：「女士們，先生們，我只耽擱大家一分鐘。你們看，我用力折這根鋼棍，它就彎曲了。但鬆一鬆勁，它就彈回去了。但是，如果我用的力超過了鋼棍的最大承受力，它再也不會自己變直的。孩子們的眼睛就像這鋼棍，假如視力遭到的損害超過了眼睛所能承受的最大限度，視力就再也無法恢復，那將是花多少錢也無法彌補的。」

　　結果，學校當場就決定，購買這家電器公司的照明設備。

　　紐約有一家服裝店的老闆在商店的櫥窗裏裝了一部放映機，向行人放一部廣告片。片中，一個衣衫襤褸的人找工作時

處處碰壁，第二位找工作的西裝筆挺，很容易就找到了工作。結尾顯出一行字：好的衣著就是好的投資。這一招使他的銷售額猛增。

　　有人做過一項調查，結果顯示，假如能對視覺和聽覺做同時訴求，其效果比僅只對聽覺的訴求要大8倍。業務人員使用示範，就是用動作來取代言語，能使整個銷售過程更生動，使整個銷售工作變得更容易。

　　優秀的推銷員明白，任何產品都可以拿來做示範。而且，在5分鐘所能表演的內容，比在10分鐘內所能說明的內容還多。無論銷售的是債券、保險或教育，任何產品都有一套示範的方法。他們把示範當成真正的銷售工具。

　　有一次，一位牙刷推銷員曾向一位羊毛衫批發商演示一種新式牙刷。牙刷推銷員把新舊牙刷展示給顧客的同時，給了他一個放大鏡。牙刷推銷員說：「用放大鏡看看，您就會發現兩種牙刷的不同。」

　　羊毛衫批發商學會了這一招。沒多久，那些靠低檔貨和他競爭的同行被他遠遠拋在後面，從那以後他一直帶著放大鏡。

　　有的推銷員常常以為他的產品是無形的，所以就不能拿什麼東西來示範。其實，無形的產品也能示範，雖然比有形產品要困難一些。對無形產品，你可以採用影片、掛圖、圖表、相片等視覺輔助用具，至少這些工具可以使業務人員在介紹產品的時候，不顯得單調。

　　好產品不但要介紹，還需要示範，一個簡單的示範勝過千言萬

語，其效果可讓你在一分鐘內，作出別人一週才能達成的業績。

展示商品是一種常見的銷售方法，但其具體的方式和內容十分繁雜，從商品陳列、現場示範，到時裝表演、商品試用都是。

在一條街道上，「有獎品嘗，答對酒名者，獎酒一瓶」這道橫幅十分引人注目。許許多多的行人紛紛駐足觀看，酒癮大者擠到櫃台前品酒報名，一時間好不熱鬧。酒廠出產特曲、大麴、三曲等六種系列商品，盛在編了號的酒杯中，供客戶免費品嘗，如果能正確地說出酒名，酒廠將獎酒一瓶。

免費品嘗就足夠吸引客戶了，要是品酒的技術高，答對一兩種酒名，得一兩瓶獎酒，更是心情大暢。

按一般客戶的購物心理，當他對一種商品產生興趣時，就會產生強烈的排他性，對於其他同類商品視而不見，只選購認定的商品。酒廠正是根據這一客戶心理，採用品酒加獎酒的方法，對客戶施加強勢刺激，吸引客戶。這項別出心裁的展示銷售活動取得了巨大的成功，成交額大幅上升。

如果你家中還沒有買洗衣機，而又有髒衣服要洗，怎麼辦？

一家洗衣機廠無償提供 10 台全自動洗衣機，供廣大客戶長期自助洗衣使用。另外，商場又騰出商業黃金寶地來辦自助洗衣銷售部。這其中有什麼「奧秘」？

這種活動可使客戶親自操作，更加詳細、全面和實際地瞭解某品牌洗衣機的功能與獨特的優點。而一般的洗衣機廠只把樣品擺在商場，客戶無從瞭解其操作是否簡捷，能否將衣物洗得乾淨等。讓客戶自助洗衣，在購買前先學會如何操作，必將給客戶一種強勢刺

激,當他想購買洗衣機時,這種品牌洗衣機必將成為首選。客戶在親自動手的過程中能更加深入地瞭解商品,產生親切感,從而引起購買興趣。

　　為了使商品展示活動吸引顧客的眼球,你可以與顧客一起參加互動。在設計演示方法時一定要考慮如何邀請客戶參與,參與那些演示環節,以實現良好的現場互動氣氛。例如,演示某杯子「摔不爛」,演示員就可以邀請客戶拿起杯子往地上摔、用力踩。這樣才能使客戶徹底信服,並提高參與度。

　　某品牌保暖內衣,為演示其「保暖、抗風」等特點,在部份商場組織了一場抗風寒的模特秀:三個模特在冷風凜冽的露天舞台僅穿著保暖內衣,表演了一個多小時,不流鼻涕、不哆嗦,效果非同凡響。現場一下子就「引爆」了,當場銷售內衣達 200 多套。

　　叫賣對於吸引客戶、聚攏人氣、創造良好的現場演示氣氛是一個行之有效的辦法。叫賣必須聲音洪亮、用語簡單明瞭,只要賣場允許,聲音再大也沒關係。洪亮的叫賣聲還可以增強演示員的銷售信心、鼓舞士氣,而且又能使產品形成一定的震懾力,也能給賣場主管一個「熱銷」的印象。此外,也可利用懸掛條幅、吊旗、堆碼、電視等輔助銷售工具,進行現場氣氛的渲染佈置。

　　此外,演示員要注意演示的動作和姿態。優美、專業的動作在行銷時能引起顧客的注意,並能保持購買的興趣。演示動作應該自然而不造作,優美而不誇張。動作越接近生活、接近實際,就越能打動顧客的心,越有說服力。在設計動作時,應反覆推敲以利於多方面展示產品優點。同時,提示的動作要針對顧客的主要購買動機。

　　演示員要能夠表示出對商品珍重愛護的動作。像鞋店的銷售人員拿鞋出來給客戶試穿之前，要把鞋子擦亮；珠寶商將展示的珠寶放在天鵝絨上面等。假如你的商品十分輕巧，拿的時候要稍微舉高，並且慢慢旋轉，好讓客戶看得清楚。要不時對自己的商品表示讚賞，也讓客戶有機會表示讚賞。

　　假如你的商品無法展示出來給大家看，可以打個比方，使顧客產生聯想，獲得生動的理解，也同樣能獲得良好的效果。

　　商品展示活動具有一種現場操作的實際廣告效果，以看得見、摸得著的事實取信於客戶，自然會收到立竿見影的「展示銷售效應」，從而促進商品的銷售。

心得欄 --------------------------------

----

4 讓顧客「試用一次」看效果

　　試用成交法是把作為實體的產品留給客戶試用一段時間以促成交易的成交法。這種方法來源於心理學上的一個原理：一般情況下，人對失去未有過的東西不會覺得是一種損失，但當其擁有之後，儘管認為產品不那麼十全十美，然而一旦失去總會產生一種失落感，甚至有缺了就不行的感覺，所以人總是希望擁有而不願失去。產品給 10 個客戶試用，往往有 3～6 個客戶會購買，更何況客戶試用產品後，總覺得欠一份人情，若覺得產品確實還不錯，就會買下產品來還這份人情。

　　這種方法主要適用於客戶確有需要，但疑心又較重，難以下決心的情況。此法能使客戶充分感受到產品的好處與帶來的利益，增強其信任感與信心，即使購買也不會產生後悔心理，並可加強兩者之間的人際關係。試用期間要經常指導用戶合理使用，加強感情溝通，使用後要講信譽，允許客戶退還且不負任何責任，如此才能讓客戶最後掏錢購買。

　　讓客戶試用產品，可以最大限度地降低客戶的使用風險，因而受到客戶的廣泛歡迎。銷售人員可以利用客戶的降低風險的心理，將產品交給客戶試用。這種方式就像企業將產品交給代理商代理一樣，讓市場來決定產品的生存權。這種方法能使顧客充分感受到產

品的好處和帶來的利益，增強其信任感和信心，一旦購買也不會產生後悔心理，並可加強推銷員和顧客間的人際關係。

　　試用成交法能給顧客留下非常深刻的直觀印象。目前，在很多高價值、高技術含量的產品領域，試用成交非常流行，例如汽車銷售中的顧客試駕，軟體銷售中的顧客試用體驗等。

　　銷售人員甲：「你有什麼獨特的方法來讓你的業績維持頂尖呢？」

　　銷售人員乙：「每當我去拜訪一個客戶的時候，我的皮箱裏面總是放了許多截成15釐米見方的安全玻璃，我隨身也帶著一個鐵錘子，每當我到客戶那裏後我會問他，『你相不相信安全玻璃？』當客戶說不相信的時候，我就把玻璃放在他們面前，拿錘子往桌上一敲，而每當這時候，許多客戶都會因此而嚇一跳，同時他們會發現玻璃真的沒有碎裂開來。然後客戶就會說：『天那，真不敢相信。』這時候我就問他們：『你想買多少？』直接進行締結成交的步驟，而整個過程只花費很短的時間。」

　　銷售人員甲：「我們現在也已經做了同你一樣的事情了，那麼為什麼你的業績仍然能維持第一呢？」

　　銷售人員乙：「我的秘訣很簡單，我早就知道當我上次說完這個點子之後，你們會很快地模仿，所以自那時以後我到客戶那裏，唯一所做的事情是我把玻璃放在他們的桌上，問他們：『你相信安全玻璃嗎？』當他們說不相信的時候，我把玻璃放到他們的面前，把錘子交給他們，讓他們自己來砸。」

　　可見，只有讓顧客親自試用過產品，顧客才能充分認識和瞭解

產品,才會對銷售人員有充分的信任。

試用成交可有以下幾種方式。

1.建議顧客少量試用,促成二次合作

任何一個人在第一次接觸一樣新鮮東西時,都會有很多擔心,此時可以建議對方先少量試用,使用後如果覺得效果不錯的話,再進行第二次合作。

例如:「孫經理,我們是第一次接觸,彼此不是很瞭解,我有一個建議,您第一次可以少買一點,如果您在使用後覺得效果不錯,再多買一點,您看如何呢?」

「按照貴公司業務部門的規模,需要 5 期才能培訓完,不過我建議您先做一期比較好,如果覺得我們的培訓的確能夠幫得上您,您好再增加。您看呢?」

「梁經理,我建議您先開通一個月試試,如果使用一個月後,您覺得很滿意,我們再續約,您覺得呢?」

2.建議顧客試用一次,進而擴大交易

推銷成功就是達成並擴大交易。達成交易,是做一個推銷員的起碼條件。能否擴大交易,才能體現出你是否是一個一流的推銷員。

3.建議顧客先買下試用,不滿意再換

當顧客錢緊時,買不起想買的產品,但又顧及面子不願承認這一點,此種方法最重要。這樣的顧客,一旦你提出讓顧客購買的請求,你應當提出一個建議,並用成交問題將其鎖定。

例如:「我認為現在還是先買下這種型號的,試用 7 天如果感覺不如意,再來換那台價格高的,您說呢?」實際上,顧客

來重新換購的可能性非常小。

4.運用試用成交法的注意事項

試用成交法的運用必須要做好充分準備，並對產品中存在的不足要有清晰的認識並安排好應對策略。否則，會由於顧客試用的時候發現產品存在的不足而導致促銷失敗。

試用成交法體現了對顧客的尊重和信賴，同時顧客也對銷售人員充滿了信賴，對產品充滿信賴。這一成交方法真正做到了讓顧客親自體驗、親自感受。因此，試用成交法是比較可靠可行的推銷方法，深受客戶的青睞。

無論產品還是銷售人員的服務，都能從試用的過程中得到驗證。但對手沒有試用產品習慣的顧客，銷售人員不要強行顧客試用。

客戶想要買你的產品，但對產品沒有信心時，你可建議對方先買一點試用看看。只要你對產品有信心，雖然剛開始訂單數量有限，然而對方試用滿意之後，就可能給你大訂單了。這一「試用看看」的技巧也可幫準顧客下決心購買。

顧客見證講的任何一句話比你說的 100 句話還管用。

一位銷售人員正在推銷跑步機，可是不知什麼原因，一直沒有打開他的產品包裝箱，一位客戶走過來。

客戶：「這些是什麼控制按鈕？你們沒有一種只有簡單開關的跑步機嗎？我只想鍛鍊身體，不想要一部透過閱讀說明書才能啟動的高科技器械。」

銷售人員：「其實要學會操作這台跑步機是很容易的，你只需要看一下操作說明書就行了。」

　　說著銷售人員拿出說明書，翻開一頁，指著一個圖表。

　　銷售人員:「看，只要按這裏，輸入你想鍛鍊的時間，然後這部機器就會提示你以下的步驟。它會給你幾個選項，每個都提供分量差不多的鍛鍊程序，日後你可以逐漸增加速度和延長鍛鍊時間。或者如果你喜歡的話，可以慢慢來，暫且選擇最基本的來鍛鍊，讓自己輕鬆一點。」

　　客戶:「這麼複雜，我看還是算了。」

　　很多時候，客戶是想自己試一下產品的效果或者讓銷售人員示範一下產品的操作，而銷售人員只是向客戶解釋說明書，讓客戶按說明書的指示操作，沒弄清楚客戶的想法，當然導致銷售的失敗。

心得欄 _

_ _

_ _

_ _

_ _

_ _

5 巧用暗示促成交

　　不懂得如何用暗示激發客戶購買慾望的銷售人員不是高明的銷售人員。

　　銷售中巧用暗示，可以巧妙地避免客戶直接拒絕，是銷售進程中連攻帶防的最佳策略。它既可以保持與客戶建立的良好關係，又可以加快銷售的進程。以心理暗示影響客戶的觀念，可以改變其認識，增強購買信心，加速成交進程。

　　銷售的狀況千變萬化，可能你的一些預先計劃會被打亂。但是，比起這種計劃，如何培養自己在銷售過程當中從容應對變化就來得更加重要。因為隨著銷售的深入和客戶介紹的深入，我們會發現原來不同的客戶需求有很大的不確定性。但不管事物的表面如何千變萬化，內部的原理其實是一樣的。

　　所以，在培養自己銷售應變能力的同時，也不要忽略了自己在統籌計劃方面的能力。應變能力的提高與否很大程度上是建立在統籌規劃提高的基礎之上的。而學會「暗示心理學」就是提高在實際銷售過程中應變能力的一個重要技能！

　　銷售人員在開始進行銷售時，一開始就要做好充分的準備，向顧客做有意識的肯定的暗示，使他們從一開始就走進你的「圈套」。例如：「我們公司目前正在進行一項新的投資計劃，如果您現在進

行一筆小小的投資，過幾年之後，您的那筆資金足夠供您的孩子上大學。到那時，您再也不必為孩子的學費發愁了。現在上大學都需要那麼高的費用，再過幾年，更是不可想像，您說，那會怎麼樣呢？」

當然，你對他們進行了如上的各種暗示之後，必須給他們一定的時間去考慮，不可急於求成。要讓你的種種暗示，滲透到他們心中，使他們在潛意識中接受你的暗示。

銷售人員要擅長把握進攻的機會。如果你認為已經到了顧客決定是否購買的最佳時間，你可以立刻對他們說：「每個父母，都希望自己的孩子接受高等教育。『望子成龍』，『望女成鳳』，這是人之常情。不過您是否已經考慮到，怎樣才能避免將來背負這種沉重的經濟負擔。其實對我們公司現在進行投資，則完全可以解決你們的憂慮，對這種方式，您認為如何？」

當買賣深入到實質性階段時，他們有可能對你的暗示加以考慮，但不會十分仔細，一旦你再對他們的購買意願試探時，他們會再度考慮你的暗示，堅定自己的購買意圖。

顧客進行討價還價，會使洽談的時間延長。這時，銷售人員必須耐心地、熱情地和他們進行商談，不斷強化那是他們自己的意圖，直到買賣成交。

銷售人員如果能適當地加以運用，可使最固執的顧客也聽從你的指示，交易甚至可能會出乎預料的順利，那些固執的顧客在不知不覺間就點頭答應並簽字成交。

曾經有一位銷售經理運用「暗示」銷售法成功地使一位顧客高興地買下了該公司銷售的一台電冰箱。當他看到銷售人員

和一位顧客在說話時，便走過去說：「這台冰箱倒是很好，不是嗎？」

「我看並不見得好。」那位婦女搖搖頭回答。

「怎麼，您認為這台冰箱不好，是嗎？這冰箱的式樣和性能是由全國一流的工程師聯合研製成功的，不管從外觀、容量和結構，還是從性能和效果方面來看，都是很好的，可是您認為這冰箱有那些地方不協調呢？」

「這幾點倒還可以，只是不應該把那個圓圓的東西裝在頂上，那有多難看啊！」

「也許您說的有道理，同時，我的理解是，正是頂上那個圓蓋子，才是我們這種冰箱的最大特色。現在市面上使用的那種冰箱，其馬達都是安裝在廚房裏的，很不方便，我們這種冰箱卻可以將馬達安裝在圓頂上，方便之極。我想您是個大忙人，您當然想這台冰箱可以為您減少一些麻煩，節省一些時間，是嗎？」

「說不定您買回去，鄰家的太太見了會羨慕不已，說您買了一台好冰箱呢！」

「如果您買一台普通的冰箱回去，鄰居見了，也不覺得怎麼新奇，也許看一下就忘掉了，不是嗎？」

然後，這位銷售經理又安排員工把冰箱搬出來。「太太，這台冰箱您是想把它放在家裏的那個位置呢？」

「太太，冰箱是您自己帶回去，還是由我們給您送回去？我們免費送貨，免費安裝。這是送貨單，請把位址和電話寫好，

我們下午送貨。」

就這樣,那位太太在銷售經理的暗示下簽了字。

所以說,暗示是一種有效的銷售手段。只要在交易一開始,就利用這種方式,提供一些暗示,顧客的心理就會變得更加積極,進而很熱心地與你進行商談,直到成交為止。

心理暗示是購買心理應用的核心環節。這雖然只是一個小小的技巧,但卻能讓顧客對你留下深刻的印象。這種方法非常簡單,且有驚人的效果。可以這麼說,一個不懂得如何用心理暗示激發客戶購買慾望的銷售人員不是一個高明的銷售人員。

心得欄 ┄┄┄┄┄┄┄┄┄┄┄┄┄┄┄┄┄┄┄┄┄┄┄┄┄┄┄┄┄┄┄┄┄┄

┄┄┄

┄┄┄

┄┄┄

┄┄┄

┄┄┄

第 九 章

千篇一律的討價還價法則

在銷售過程中，客戶針對價格問題提出各種反對意見，銷售員要認真分析原因，加以解釋，在商談中要儘量多談價值，少談價格。價格問題容易使銷售陷入僵局，銷售員要善用各種銷售技巧，處理價格異議。

1 客戶拒絕成交的價格原因

在銷售過程中，客戶針對價格問題會提出各種各樣的反對意見，針對這些意見，銷售員要認真分析原因，加以解釋，這樣才能排除銷售中的障礙，達成交易。

在一般情況下，當客戶認為自己不具備消費能力的時候，這可能是一種藉口，其真正的原因可能是想買別的產品，或者是客戶不

願動用存款。也可能是因為銷售員的說服工作做得不夠，客戶還沒有意識到產品的價值，所以沒有產生購買慾望。對此銷售員要深入細緻地調查，如果發現客戶確實無力購買你所提供的產品，最好的解決辦法是暫時停止向他銷售，等他的經濟狀況有所好轉時再向他銷售。而如果發現客戶總的經濟狀況很好，但資金暫時不足時，此時銷售員可主動建議使用別的支付方式，這樣既解決了客戶的難處，又達成了交易，可謂兩全其美。

在客戶無力支付現金時，銷售員還可以勸說客戶給出一個最遲的付款期限，或者勸說他延遲購買別的可緩購的商品，把所有資金集中起來購買急需品。

如果客戶不想購買產品，那麼價格高低就不是真正的拒絕原因，而是藉口。客戶可能因為產品不符合他的需要，他經濟條件不行或是他已看中了類似的其他產品，不好直說，而以價格作為藉口。此時，銷售員必須摸清客戶拒絕購買的真正原因，不可在討價還價上浪費時間，影響整個銷售工作。

有的客戶對於產品的價格會先入為主，堅持自己固有的看法，而這些看法往往是錯誤的，他們過低地估計了生產成本，特別是低估了那些所謂「簡單產品」或者大規模生產的產品的成本。面對這樣的客戶，銷售員就要用大量的具體事實向客戶作出解釋，糾正他們的錯誤認識。如果所面對的是眾多客戶，銷售員及企業就有必要開展一場大規模的宣傳活動來提高客戶對產品價值的認識。

銷售員如碰到客戶看到同類產品的價格較低這種情況，最好就價格問題做一些解釋，詳細介紹價格不同的原因，並且中肯地指出

客戶在進行價格比較時所忽略的方面，例如產品的品質，性能等方面。有時客戶是固執的，你必須弄清楚客戶有異議的真正原因，然後再與之進行商討。有一點必須強調，在解釋中，必須讓客戶看到你的產品的優點以及客戶購買你的產品可帶來的好處。如本企業的成就、技術、研究成果、服務項目、產品配套、零件更換等，並以此向客戶表明，你所銷售的產品確實物美價廉。

有些客戶天生喜歡挑剔，在價格上挑毛病是他們的一種習慣，任何產品他們都想削價，「太貴了」是他們面對銷售時的口頭禪。針對這些客戶，不予理睬是最好的辦法，將你的中心話題集中於產品的優點。如果銷售的是一些大批量生產的產品，可先提供一些昂貴的產品，讓客戶的精力花費在討價還價上，然後再把話題轉向價格比較低的產品，這樣，客戶就會感到價格比較合理了。

有時候，客戶提出價格方面的拒絕，僅僅是一種試探，為了看一看銷售員對價格的堅持程度。這時，銷售員如果既不為之所動又保持應有的禮貌，客戶就不會再堅持。所以銷售員在價格爭議中，不可為了討好客戶，而輕易地讓步。這樣不僅會導致大幅度的降價，更有可能影響銷售員在客戶心目中的信譽。

銷售員在銷售開始之前，要仔細收集客戶的各種資料並認真加以掌握。然後根據這些資料以及在接觸、商談過程中所獲得的回饋信息，對客戶可能要提出的價格方面的拒絕作出正確判斷，先發制人，不等客戶開口講出來，就把一系列客戶要提出的拒絕予以化解。

2 要多談價值，少談價格

要多談產品的價值，儘量少談產品的價格。不論產品的價格多麼公平合理，只要客戶購買這種產品，他就要付出一定的經濟代價。正是由於這種原因，推銷員起碼應等客戶對產品的價值有所認識後，才能與他討論價格問題。如果在此之前就與客戶討論價格，那就有可能打消他的購買慾望。所以，銷售員在商談中要儘量做到先談產品價值，後談價格，多談價值，少談價格。

顧客在看好一件商品後，談價格就成為了與銷售人員之間的語言交鋒。價錢談不妥，那麼銷售人員此前所有的準備都白費，顧客也落得個失望而歸。而價錢合理，物有所值，或物美價廉，那麼雙方就會輕鬆成交，顧客也會滿意地掏腰包。可見，價錢問題是銷售人員在銷售過程中值得重視的。

有時，客戶的某種需要遠不止追求價格低方面，只憑價格，無法吸引客戶的目光。有的銷售人員在遇到顧客詢問價錢問題時，只管報價，而不顧顧客的心理因素。顧客嫌貴，就冷冰冰地把顧客推到打折或特價區，或者指責顧客「不識貨」。顧客嫌太便宜，擔心產品品質，則更容易遭到銷售人員的白眼。這樣的銷售人員業績肯定不會太好。

為了參加一個婚禮，先去一家店購一套禮服，這家店裏有許多

這樣的禮服，並且標價比較低，他一向很少單獨出來購物，心裏沒什麼把握。銷售人員站在旁邊，告訴他這是本市價格最低的，但是看來看去，無法決定是否購買。

商品已是「本市價格最低的」，為什麼顧客還是沒有選擇購買？因為顧客看中的並不是「價格最低」這一個要素，而是考慮到很多方面，例如商品的用途、使用場合等等。這些因素要遠比價格重要得多。銷售人員要與顧客達成交易，應先避談價格，而是耐心詢問對方買衣服的緣由，他喜歡的花邊和樣式，以及他是否經常穿這套衣服等等。這樣迎合了顧客的特殊需要，自然顧客就會選購他要的東西，並且感激銷售人員提供的幫助。

一般情況下，客戶在作出購買決定之前，都會詳細比較商品的性能、功效、款式，並向銷售員提出價格異議。在處理價格問題時，銷售人員應多向對方介紹商品的優點、功能和效用等。在此時必須強調「一分錢，一分貨」，透過對商品的詳細分析，使客戶認識到花這麼多錢是值得的。

例如，一位女士想購買 XX 牌美容霜，但又覺得太貴(180元錢一瓶)，有點捨不得，便產生了顧慮。看到客戶猶豫不決，銷售員說道：「小姐，您不知道，這種 XX 牌美容霜含有從靈芝、銀耳、鹿茸中提取的特殊生物素，具有調節和改善皮膚組織細胞新陳代謝作用的特殊功效。它可以消除皺紋，使粗糙的皮膚變得細膩，並能保持皮膚的潔白、柔嫩、彈性與光澤，從而達到美容的效果。況且，它需要的用量很少，一天只需使用一次，一瓶可使用半年，並且適用於每一種類型的皮膚。」那位女士

在聽了這番細緻的解釋後，心裏的價格障礙也就隨之煙消雲散了。

在銷售洽談中，銷售員要多談及產品價值方面的話題，儘量少提及價格方面的話題。這是因為，在交易中，價格是涉及雙方利益的關鍵，是最為敏感的內容，所以容易造成僵局。化解這一僵局最好的辦法是多強調產品對客戶的實惠，能滿足客戶的需求。

銷售理論研究表明，價格是具有相對性的，往往客戶越急需某種產品，他就越不計較價格；產品給客戶帶來的利益越大，客戶考慮價格的因素就越少。因此，要多談產品的價值，少談產品的價格。

銷售員在銷售洽談的過程中，要切記的原則是：一定要避免過早地提出價格問題。因為產品價格本身是不能激起客戶購買慾望的。只有使客戶充分認識了產品的價值之後，才能激起他們強烈的購買慾望。客戶的購買慾望越強烈，他們對價格問題的考慮就越少。

心得欄 _____

_____

_____

_____

_____

_____

3 摸清客戶的底線

對於銷售員來說，應該如何得知客戶的底價是多少呢？一個有效的方法是抬高底價。例如，客戶想花 15 元買一個電源插座，而你要的是 20 元。你可以說：「我們都覺得這個商品的價格還可以。如果我能讓老闆降到 17.5 元，你能接受嗎？」拿老闆做擋箭牌，並不意味著你要以 17.5 元賣給他們。然而，如果他覺得 17.5 元也可以，你就把他的商談底價提高到 17.5 元，現在與你的要求只差 2.5 元，而不是 5 元了。

另外，還可以透過提供一種品質較差的商品來判斷他們的品質標準。「如果你只付 15 元，我給你看銅接點的插座可不可以？」用這種方法，你或許能讓他們承認價格不是他們唯一的考慮，他們確實關心品質。

當然，你也可以推薦品質更好的商品，確定他們願意給出的最高價格。例如可以說：「我們還有更高性能的插座，但是每個 25 元。」如果客戶對這種性能感興趣，他就願意花更多的錢購買。這種辦法可以消除客戶的警惕，他會跟你說些真心話。例如你說：「我喜歡跟你做買賣，但是這件不是我的，以後我們再合作吧。」你以這種方式消除了他的武裝，稍後你說：「我很遺憾不能賣給你這個插座，但就咱們倆說，到底多少錢你買？」他也許會說：「最多 18 元。」

於是買賣輕鬆成交。

用抬高底價的辦法來應對客戶的價格底線，是推銷員最常用的談價格策略。

在參觀印尼巴厘島的時候，去逛街，看上了一個木雕。

「多少錢？」我問。

「兩萬盧比。」

「8000！」我說。

「天那！」小販用手拍著前額，做出一副要暈倒的樣子，然後看著我，「15000。」

「8000。」我沒有表情。

「天那！」他在原地打了一個轉，又轉向旁邊的攤子，對著那攤子舉起手裏的木雕喊，「他出 8000！天那！」又對著我，「最低了，我賣你 13000，結個緣，明天你帶朋友來，好不好？」

我笑著聳聳肩，轉身走了，因為我口袋裏只有 9000，就算我出到 9000，距離 13000，還是差太遠。我才走出去四五步，他在後面大聲喊：「12000，12000 啦！」

我繼續走，走到別的攤子上看東西，他還在招手：「你來！你來！我們是朋友，對不對？我算你 10000，半賣半送！」

我繼續走，走出了那攤販聚集的地方。突然一個小孩跑來，拉著我，我好奇地跟他走，原來是那攤販派來的，把我拉回那家店。

「好啦！我要休息了，就 8000 啦！」

現在，每次我看到桌子上擺的這個木雕，就想起那個小販。

我常想，我為什麼能那麼便宜地買到？因為我堅持了自己的底線。我也想，他為什麼會賣？想到這裏，我又不是那麼得意了，因為 8000 盧比，一定也在他的底線之上，弄不好 7000 他也賣了。

心得欄 -

- -

- -

- -

- -

- -

4 底價策略

「再便宜一點吧！」「你就不能再便宜一點兒嗎？」每當銷售員聽到客戶說這話的時候，都有一種自己快瘋了的錯覺，但即便如此，也能從中獲利。

為什麼銷售雙方在你來我往的一輪一輪討價還價中都感到疲憊不堪，卻仍然樂於此道呢？主要因素可能還是企業的定價制度。由於定價制度不健全、不科學，導致銷售員即使開出了價也非最後的不可變更的價格，而是留有餘地的。

身為銷售員，當你碰到討價還價的客戶時，你要先確認問題在那兒，確定客戶是不是在其他店裏看到同樣的東西，但價錢卻比你這更便宜。事實上別忘了告訴他，即便是同樣的商品，你也不能單憑價錢來決定是否購買，因為，除了其本身的價格外，商品價錢可能還包括運送和售後服務等。換言之，你要告訴你的客戶沒有那樣商品真的是完全一樣的。

有些銷售員說：「這是我的底價，我賣給你一分錢都掙不到，還要賠錢，要不要隨便你！」可是，問題是這到底是不是真的底價？作為銷售員的你應該心裏有數吧！

那麼在討價還價的過程中，究竟我們有那些選擇呢？以買賣房子為例，假若你是中間代理商，你向買房子的人這樣說：「這是我

們公司對這套房子及房內的傢俱能給你的底線。你可以考慮 3 天，如果你能接受咱們就成交，若你不能接受我就把現金退給你。」

「底價」策略可能會增加交易的力量，也可能會減弱。如果你所提的「底價」不被對方信任的話，那這種力量必然減少。當然，在提最後條件時的用語和時機，也是決定策略成敗的重要因素。

假若你看對方就要開出「最後底價」，那你不妨先下手為強。

某地產經紀人正在向客戶推銷 A、B 兩處地產，而這時他真正想賣出去的是 A 房子，因此他在跟客戶交談時這樣說：「您看 A 房子怎麼樣？已經有兩人看中了，要我替他們留著。所以您還是先看 B 房子吧！其實它也不錯的！」

客戶當然兩座房子都要看的，而經紀人在客戶的心中卻留下了「A 房子已經被人認購，肯定不錯」的感覺，在這種心理暗示的作用下，他就會覺得 B 房子不如 A 房子。最後，帶著遺憾走了。

過了幾天，這位經紀人又高高興興地找到了這位客戶，告訴他：「您現在可以買到 A 房子了，您真的很幸運，以前訂購 A 房子的客戶資金一時週轉不過來，我勸他們不如暫時緩一緩。我那天看您對 A 房子有意思就特意給您留下來了！」

聽到這些，客戶當然會在心裏慶倖自己終於有機會買到 A 房子了，現在自己想要的東西送上門了。此時不買更待何時？一次買賣很快成交了。

當客戶討價還價時，往往表明客戶對商品有興趣，只要銷售員讓一點價，生意就能成交。而事實上客戶也有可能只是在試探底價，以便和你的競爭對手的底價進行比較。

5 以小藏大，談價格

從心理學的角度來說，當一個人所面對的是一個較小的決定時，他一般更容易作出肯定的反應。以小藏大談價格的技巧正是基於這一思想，使客戶產生了一種數字上的錯覺，在讓客戶最容易接受的時候巧妙地促成了交易。

價格問題容易使銷售陷入僵局，銷售員為了全面掌握商談的主動權，就要把握好與客戶討論價格的時機。銷售員要做到：不主動提出價格問題；當客戶提出價格問題時，儘量往後拖延；客戶堅持馬上答覆時，要講清價格相對性的道理。

在可能的情況下，要盡重用較小的計價單位報價，即將報價的基本單位縮至最小，從而隱藏了價格的「昂貴」感，客戶也便容易接受了。

一位客戶看中一塊圖案特別、質地精良的地毯，問銷售員價格。

「每平方米 24.8 元！」銷售員回答。

「這麼貴？」客戶聽後直搖頭。

過了一會兒，又有一位客戶問這塊地毯的價格時，銷售員微笑著反問道：「你為多大的房間鋪地毯？」

「大約 10 平方米吧！」

　　銷售員略加思索後說：「使你的房間鋪上地毯，只需 1 角多錢。」

　　「一角錢？」客戶一臉的驚訝和好奇。

　　「你的房間 10 平方米，每平方米是 24.8 元，一塊地毯可以鋪 5 年，每年 365 天，這樣你每天的花費不就是一角多錢嗎？」銷售員解釋道。

　　最後，客戶欣然買下了這塊稱心如意的地毯。

　　這種把商品價格分攤到使用時間或使用數量上的做法，常使價格顯得微不足道，非常容易客戶接受。

　　齊格勒曾銷售過廚房成套設備，主要是成套炊事用具，其中最主要的就是鍋。這種鍋是不銹鋼的，為了導熱均勻，鍋的中央部份設計得較厚，它的結實程度是令人難以置信的。

　　當齊格勒在銷售時，客戶經常表示異議：「價格太貴了。」

　　「先生，您認為貴多少呢？」

　　對方也許回答說：「貴 200 美元吧。」

　　這時，齊格勒就在隨身帶的記錄紙上寫下「200 美元」。然後又問：「先生，您認為這鍋能使用多少年呢？」

　　「大概是永久性的吧。」

　　「那您確實想用 10 年、15 年、20 年、30 年嗎？」

　　「這口鍋經久耐用是沒有問題的嘛。」

　　「那麼，以最短的 10 年來算，對您來說，這種鍋每年貴 20 美元，是這樣的嗎？」

　　「嗯，是這樣的。」

「假定每年是 20 美元，那每個月是多少錢呢？」

齊格勒邊說邊在紙上寫下了算式。「如果那樣的話，每月就是 1.67 美元。」

「是的。」

「可您的夫人一天要做幾頓飯呢？」

「一天要做二三次吧。」

「好，一天只按兩次算，那您家中 1 個月就要做 60 次飯！如果這樣，即使這套極好的鍋每月平均貴上 1.67 美元，和市場上賣的品質最好的成套鍋相比，做一次飯也貴不了 3 美分，這樣算就不算太貴了。」

齊格勒總是一邊說一邊把數字寫在紙上，並讓客戶參與計算，在計算的過程中總能讓客戶不知不覺地摒棄「太貴了」這個理由促成購買。

心得欄 ------------------------------------

----

6 幫助客戶談價格

　　有些質樸的客戶會認為，當他問你價格時，你給出的價格就是不可更改的唯一價格。他不知道還有報價、詢價以及最後敲定的價格，他不清楚價格可以由商議決定。

　　如果你的銷售對象是那些通常都會討價還價的人，那麼你先報價，你也會陷於被動。這個價格成了你們談判的起點，結果往往是，你以低於最初報價的價格賣出產品，或者是交易失敗。所以，在客戶向你詢價之前，你應該清楚他已經看了那些競爭產品。如果你知道競爭對手是誰，你就會知道對方的報價。

　　對於不知如何談價錢的客戶時，你應該採取下列措施：

　　首先，幫助客戶避免作出不恰當的購買決定；其次，不要想當然地認為客戶知道如何談價錢，要瞭解他的背景和購買經歷，以便幫助他作出合適的購買決定；再次，說明定價方式、訂貨流程；最後，向客戶解釋，價格會因合約條款的不同和訂貨數量的不同而有所變化，從而幫助客戶進行洽商。

　　你將他們所關心的問題進行了解答，對方會很樂意與你合作，你的銷售也因此而成功。

　　當然，在與客戶進行價格交涉的過程中，由於你幫助客戶談價格，有時客戶會提出一些不合理的要求。面對客戶不合理的要求，

銷售員要勇於說「不」，但要注意拒絕的方式，做到既不損害公司利益，也讓客戶下得來台，最好還能促成交易。例如，「您的價格有點那個，您看是不是……」這種拒絕客戶出價過低的技巧就是拒絕話語中沒有一個否定詞，但客戶又能夠從你的話語中聽出弦外之音。客戶一聽就明白了，不必直接說出來，從而既避免了客戶的難堪，也不會覺得你的拒絕非常唐突。透過這種方式巧妙地指出客戶的要求欠妥，不易傷害客戶的自尊心，容易為客戶所接受，從而可以使談判順利進行下去。

銷售員還可以以權限受到限制作為拒絕客戶的委婉理由。具體來說，就是指出自己缺乏滿足對方需要的某些必要條件，例如權力、資金、技術等。「對不起，這個已超出了我的權力範圍，請見諒……」「除非把現有的技術水準提高一倍，才能降低成本，滿足你們的需要。」

銷售員利用自己能力有限來暗示客戶其所提的要求是可望而不可即的，促使客戶妥協。同時，言語之中表現出自己積極的態度，這樣既不會傷害到對方，又維持了良好的商業氣氛。

這種拒絕技巧就是銷售員委婉地向客戶提出自己有無法跨越的障礙。這樣既能對客戶表示出自己的拒絕，又能取得他的諒解，而且拒絕的過程中又使用委婉的詞語，從而減弱他的抵觸情緒。

當你拒絕客戶的某點要求時，可以在另外某點上給予補償。例如，當客戶提出較低的價格時，如果銷售員對其斷然拒絕，定會損害洽談氣氛，削弱客戶的購買慾望，甚至會激怒客戶，導致交易失敗。為了避免這種情況，銷售員在拒絕客戶不合理價格要求時，應

在自己利益能承受的範圍內，給予適當的利益補償，滿足客戶喜歡買便宜貨的心理。如：「價格不能再低了，這樣吧，價格上你們讓一點，交貨期上我可以提前，如何？」「對不起，這已是全市最低價了，這樣吧，我們再幫您送回家，調試好，怎麼樣？」

　　當客戶問你產品價格時，你開始時可以說：「價格會受到多種因素的影響，我能不能問您幾個問題，好幫您得到最合適的報價？」接著就提問，這些問題可以引導客戶作出購買決定，同時也可以幫助你得到有關價格的確切定位。

心得欄 ----------------------------------

----

7 客戶說「你們的價格不合理」

「我想買一種便宜點的。」

「你們的價格不合理。」

「我想等降價再買。」

「太貴了，我買不起。」

這些都是價格方面的拒絕理由。在銷售實踐中，價格拒絕是最常見的，幾乎是每筆交易都會碰到的問題，因為討價還價可以說是客戶的本能。銷售員如果無法處理這類拒絕，就難以達成交易。但是，價格拒絕真是個不錯的信號，因為當客戶提出價格拒絕時，表明他對銷售產品有購買意向，只是因為對產品價格不滿意而進行討價還價。當然，也不排除以價格高為拒絕的藉口，如果只是個藉口，你應該能判斷出來。

銷售員要知道，只有客戶對某一件東西有興趣的時候，他才會說它的價格比較貴。他這樣說的目的是想要銷售員把價格往下降一降。所以，為迎合消費者的心理，不論國內還是國外，在商品價格上出現了許多「9」的尾數，例如：一件襯衣賣 9.99 元，一盞台燈價格是 19.90 元等，都是以一分之差來滿足顧客心理。每個人都有一種錯誤的觀念，一種商品若不足一元錢，他連看都不看一眼，買了便走。一種可以值 10 元以上的商品，如果不足 10 元，那就是便

宜的。值 100 多元的，不到 100 元就買到了，那東西不貴。其實，產品只是少賺幾分、幾角，便可使客戶得到心理平衡，何樂而不為呢。

　　有時客戶提出「價格太高」的拒絕，純粹是因為銷售員的報價跟他的期望差距太大。美國摩根財團的創始人老摩根，在開小雜貨店時，每當有人來買雞蛋，總讓他老婆來揀。原來老摩根頗有心計，他老婆的手指纖細小巧，可以把雞蛋反襯得大些，他利用人的視覺誤差，巧妙地滿足了顧客的心理，生意越做越興隆。這是個很有意思的事情。老摩根只是利用了他老婆的小手指就調整了客戶的期望差距，從而使客戶願意購買。

　　面對客戶的價格「拒絕」，任何情緒化的表現都是不可取的：一些成功的銷售員不僅會及時識破客戶價格拒絕的藉口，而且他們會以充分的理由，徹底改變客戶的初衷，達到銷售目的。

1. 突出賣點

　　把你的產品或者構想設計成獨一無二的，根本就沒有參照的對象，你的客戶雖然會找到相似的替代品，但無法直接說你的產品或者構想價格怎麼樣高。這需要你動一番腦筋，給自己添加一些新鮮的構想。讓客戶到那裏都找不到同樣的產品，也就是說，實行個性化生產或者個性化服務，那麼，你開出的價格就是唯一的價格。

　　「劉經理，我知道您覺得多付 1500 元不值得，我知道您很擔心，但我相信，一旦您穿上我們生產的西服，一定會覺得這套西服的做工、面料和款式讓你覺得您花的錢絕對值得。」

2.強調受益

把著眼點放在使用價值上，這點很重要。你可從節省費用、增加收益等入手，提示產品給客戶帶來的效益，也是打動客戶的有效方式。這需要你事先塑造好你的產品優勢。

你的產品能為對方帶來什麼好處。

例如：「是的，我知道這份建議書意味著你得增加一大筆廣告預算。但是，它會大幅度提高產品的銷量，產生更高的利潤，一句話，它會為你賺到好幾倍的錢。」

「投資 5 萬元，購買我們的設備和原料，產品的市場銷售沒有問題，按照每月的產量和產品單價計算，您實際上 3 個月就可以完全收回投資。」

3.出示底牌

如果產品確有優勢，銷售員也有把握確認客戶的購買慾望，這個時候往往可以給客戶計算產品成本。用數據說話，同時也是暗示自己的利潤，表達一種誠意，真正想要購買的客戶是能夠接受的。

「這個價位是產品目前在全國最低的價位，已經到了底兒，您要想再低一些，我們實在辦不到。」透過亮出底牌，讓客戶覺得這種價格在情理之中，買得不虧。

4.置換角色

讓客戶站在銷售員的立場考慮問題，例如：「我們這筆交易的金額確實比較大，但是你們的產品使用我們提供的原材料，佔總成本的比重不到 10%。」提示客戶可以從其他更有效益的角度考慮降低成本的問題。

或者:「貴公司在市場上銷售產品是不是總用最低標價？您對價格的問題怎麼看呢？」

或者:「作為生產商，我們面臨兩種選擇:一是把產品做得越簡單、越廉價越好，這樣我們就可以用一般人想不到的低價在市場上銷售；二是站在客戶的角度設計和製造產品，盡可能滿足他們的需求，這樣的價格恐怕並不便宜。您會怎樣選擇呢？」

5.介紹非價格因素

銷售員首先肯定客戶對價格的考慮是應該的，接著提示自己的產品在價格以外的優勢，諸如品質、功能、特色、服務以及相關價值。

「我相信價格是您採購的重要考慮因素，但您認為可靠的品質、更週到的服務是否也同樣重要呢？另外，我們還專門為您配套制定了技術和產品標準，我給您介紹一下……」

6.拒絕再談

銷售員經常會遇到這種現象:客戶瘋狂砍價，沒有辦法只好終止交流，而這個時候客戶卻主動了。所以，需要注意，客戶有時瘋狂砍價是在探你的價格「底線」。

此時，你可以說:「我們無論如何也不能達到您這樣的價格要求，非常抱歉。」

「您堅持的這種價格市場上或許真的有，但是我不敢想像這個價格裏面究竟包含什麼樣的售後服務。」

「本來是真誠希望和您建立合作關係，我們才考慮以優惠

的方式來銷售，但為了保證產品品質和到位的服務，我們不能接受您的價格，非常遺憾。」

8 客戶說「目前沒錢買，等有錢再買」

　　客戶如果缺乏支付能力，也會因此產生拒絕。對於以此作為拒絕藉口的客戶，銷售員應該在瞭解了真實原因後相機進行說服。而對於確實無錢購買的客戶，銷售員可根據具體情況，或透過說服使客戶覺得購買機會難得，協助對方解決支付能力問題，如延期付款等。當然，導致客戶在支付能力上提出拒絕，其原因是複雜多樣的，有的時候是因為真的沒錢，也有許多時候則是一種藉口。

　　下面的兩句話，為你提供兩個辦法：

　　「所以嘛！我才推薦您用這種產品來省錢。」

　　「所以嘛！我才勸您用這種產品來賺錢。」

　　讓客戶知道，你的產品能夠為他省錢，或能夠為他賺錢，他就有理由購買。

　　如果你看得出客戶說沒錢只是藉口，那你應該見機行事。

　　有一個銷售員上門銷售化妝品，女主人很客氣地拒絕了：「不好意思，我們目前沒有錢買，等我有錢再買，你看行不？」

　　但這位銷售員看到女主人懷裏抱著一條名貴的狗，就說

道：「您這隻小狗真可愛，一看就知道是很名貴的狗。」

「是呀！」

「您一定在它身上花了不少錢和精力。」

「沒錯。」女主人開心地向銷售員介紹她為這條狗所花費的錢和精力。

結果是，女主人不再說自己沒錢了，反而非常高興地買下了一套化妝品。

這個辦法你可以反覆使用，效果更好，也就是說，你可以先和客戶談小狗，當然不一定每個客戶都養只小狗讓你說事兒，但你可以稱讚他的那麼大的鑽戒，那麼豪華的客廳或辦公室，那麼高檔的西服或皮鞋等。

還有一個辦法，就是幫客戶想辦法弄到錢。錢變不出來可以湊出來，關鍵在於客戶是否真的決定要買。如果他真的喜歡你的東西的話，你要幫他想出辦法來才行。可不可以分期付款？可不可以利用貸款？可不可以向親友借一點？當然，也有真的沒有錢的客戶。對這樣的客戶就別軟磨硬泡了。

9 客戶說「我考慮一下」

「讓我考慮一下，下星期再給你答覆。」

「我們需要研究研究，有消息再通知你。」

當你提議成交之時，一定會有客戶作出拖延購買的決定，因為所有的客戶都知道這項技巧。他們肯定會常常說出「我會考慮一下」、「我們要擱置一下」、「我們不會驟下決定」、「讓我想一想」等諸如此類的話語。下面來看一個具體的過程：

客戶說：我要考慮一下。

你可以說：某某先生/女士，很明顯如果你對我們的產品真的沒有興趣，你不會說你要考慮一下，對嗎？說完這句話後，你一定要記得給客戶留下時間作出反應，因為他們作出的反應通常都會為你下一句話起很大的輔助作用。

這時，客戶通常都會說：你說得對，我們確實有興趣，我們會考慮一下的。接下來，你應該確認他們真的會考慮：某某先生/女士，既然你真的有興趣，那麼你會很認真地考慮我們的產品對嗎？

注意，考慮二字一定要慢慢地說出來，並且要以強調的語氣說出。客戶會怎麼說呢？因為你一副要離開的樣子，你放心，客戶會回答的。此時，你應該對他說：某某先生，你這樣說不是要趕我走吧？我的意思是你說要考慮一下不是只為了要躲開我吧！

　　說這句話的時候，你得表現出明白他們在耍什麼花招的樣子，在客戶做出反應之後，你一定要弄清楚並更有力地促客戶一把。你可以問他：某某先生，我剛才到底是那裏沒有解釋清楚，導致你說你要考慮一下呢？是我公司的形象嗎？

　　後半部問句你可以舉很多的例子，因為這樣能讓你分析出能提供給他們的好處。一直到最後，你問他：某某先生，講正經的，有沒有可能會是錢的問題呢？如果對方確定真的是錢的問題之後，你已經打破了「我會考慮一下」的定律。

　　而此時如果你能處理得很好，就能把生意做成。詢問客戶除了金錢之外，是否還有其他事情不好確定。在進入下一步交易步驟之前，確定你真的遇到了最後一道關卡。

　　但如果客戶此時仍不確定是否真的要買，那就不要急著在金錢的問題上去結束這次的交易，即使這對客戶來說是一個明智的金錢決定。如果他們不想買，他們怎麼會在乎它值多少錢呢？

　　總之，客戶會由於種種原因，希望拖延購買時間，有的是由於手頭資金不足，有的是尚未醞釀成熟是否購買，有的是身邊還有存貨，也可能是因為價格、產品或其他方面不合適。有的則是一種推諉的藉口，因此，你要作具體分析，區別對待。

1. 緩兵之計

　　如果客戶確實因為有困難而不能馬上決定，恐怕你真的必須耐心等些時間。但如果條件允許，你也可以試著和對方簽訂合約，先把貨物送交買主，然後再約定收款時間。要不，先把產品的說明書交給客戶，過幾天之後，再去訪問。還可以臨走時扔下一句話，讓

你的客戶朋友先琢磨著。

2.打消客戶的顧慮

如果是客戶怕上當受騙,你可以努力打消客戶的疑慮,堅定客戶的信心。

「我願意給你開一張 90 天的遠期支票。也就是說,在 30 天左右您可以拿到貨,然後還有 60 天的試用時間,如果您覺得不佳,可以把我的支票兌現,這樣,您就不必比平常花的錢多了。」

3.增加客戶的緊迫感

如果客戶有意購買,卻一時拿不定主意,你就要幫他算筆賬,說明為什麼現在就應該買,或給他一點壓力。

「您若再往後拖延,可能買不到這麼便宜的東西了。」

「我這裏僅有最後一批貨了,何時進貨還說不上。」

銷售員可以利用良機激勵客戶。這些良機可以是產品短缺、特價優惠及其他優惠條件等。但這種良機必須確有其事,切切不可進行欺騙。

4.幫客戶考慮

你如果判斷出這只是客戶的腦子有點亂,一時拿不定主意時,那你就幫客戶理出頭緒,下定決心。

你可以這麼說:「當然,先生,我很瞭解您這樣的想法,但是我想,如果您還想再考慮,一定因為還有一些疑點不是很確定,我這樣說對不對?」

客戶一般會回答:「是的,在我作出決定之前,還有一些問

題我需要再想一想。」

你接著說：「好的，我們不妨一起把這些問題列出來討論。」然後，你拿出一張白紙，在紙上寫了「1」到「10」的數字。

「現在，先生，您最不放心的是那一點？」

不管他說什麼，把這一點寫在數字「1」的那一行，然後繼續問，把下一個問題寫在第二點。你可能會列出三到四點。當客戶再也想不出問題之後，你說：「還有沒有我們還沒想到的呢？」

如果他說沒有了，你就說：「先生，如果以上提出的問題我都能一一給您滿意的答覆。我不敢說我一定做得到，但是如果我能，您會不會購買？」

如果他的回答是肯定的，就成交。

如果他認為他還是不能馬上決定購買，你就說：「您一定還有不滿意的地方。」然後把這些新想到的考慮點再列出來。

在每解釋完一個問題之後，一定要先問客戶：「你對這點滿意了嗎？」或是「你是不是對這點完全沒有疑惑了？」然後再開始解釋下一點。

客戶也可能會斷然說道：「無論如何，我就是要再考慮。反正今天我是不會作出任何決定的。」

這時如果你仍催客戶作決定，一定會惹客戶發火。所以，你就說：「好的。請問您何時會作出決定？」

當客戶說了日期之後，你要這麼回答他：「好的，先生，我會記住這個日子，到時候再打電話給您。」

總之，如果你真的聽到你的客戶說出了「我要考慮一下」這句話，這個客戶已經是你的了。

10 巧妙報價法

依照慣例，賣方與買方之間應由賣方先報價。先報價的好處是能先行影響、制約對方，把價格限定在一定的框架內，並在此基礎上最終達成協定。例如：銷售員報價 1000 元，那麼客戶很難奢望還價至 100 元。好多服裝商販就習慣於採用先報價的方法，而且他們報出的價格，一般要超出客戶擬付價格的一倍乃至幾倍。1 件襯衣如果能賣到 50 元，商販就心滿意足了，但他們卻報價 150 元。考慮到很少有人好意思還價到 50 元，所以，一天中只需要有一個人願意在 150 元的基礎上討價還價，商販就能贏利。

當然，銷售員先報價也得有個「度」，不能漫天要價，使對方不屑於談判。假如你自己到市場上問雞蛋多少錢 1 斤，小販回答說100 元錢 1 斤，你還會費口舌與他討價還價嗎？

先報價雖有好處，但它也洩露了一些情報，使對方聽後可以把心中所想的價格與之比較，然後進行調整：合適就拍板成交，不合適就進行殺價。

後報價也一樣，如果客戶的報價高，你自然會大賺一筆；如果

客戶的報價低，那你就會費很大的口舌去說服客戶，即使如此，你也不會賺多少，更不用說談不攏了。

先報價和後報價各有利弊。是先報價「先聲奪人」還是後報價「後發制人」，一定要根據不同的情況靈活處理。

一般來說，如果你準備充分且知己知彼，就要先報價；如果你的客戶是行家，而你不是，那你要後報價，便於從對方的報價中獲取信息，及時修正自己的想法；如果你的談判對手是個外行，那麼，無論你是「內行」還是「外行」，你都要先報價。老練的商販大都深諳此道。當客戶是一個精明的家庭主婦時，他們就採取先報價的技術，準備著對方來壓價；當客戶是個毛手毛腳的小夥子時，他們多半會先問對方「要多少」，因為對方有可能報出一個比期望值還要高的價格。

先報價與後報價屬於謀略方面的問題，而一些特殊的報價方法，則涉及技巧方面的問題。同樣是報價，運用不同的表達方式，其效果也是不一樣的。

一位銷售員向一位畫家銷售一套筆墨紙硯。如果他一次報高價，畫家可能根本不買。但他可以先報筆價，要價很低；成交之後再談墨價，要價也不高；待筆、墨賣出之後，接著談紙價及硯價，這時卻抬高價格。畫家已經買了筆和墨，自然想「配套」，不忍放棄紙和硯。這樣，銷售員獲得的利潤一點都沒有減少。

採用這種方法，是因為所出售的產品具有系列組合性和配套性，買方一旦買了元件 1，就無法割捨元件 2 和元件 3 了。

一個優秀的銷售員，見到客戶時很少直接逼問：「你想出什麼

價？」相反，他會不動聲色地說：「我知道您是個行家，經驗豐富，根本不會出 200 元的價錢，但你也不可能以 150 元的價錢買到。」這些話似乎是順口說來，實際上卻是在報價，片言隻語就把價格限制在 150 至 200 元之內。這種報價方法，既報高限，又報低限，「抓兩頭，議中間」，傳達出這樣的信息：討價還價是允許的，但必須在某個範圍之內。

此外，雙方有時出於各自的打算，都不先報價，這時，就有必要採取「激將法」讓對方先報價。激將的辦法有很多，這裏僅僅提供一個怪招——故意說錯話，以此來套出對方的消息情報。

假如雙方繞來繞去都不肯先報價，這時，你不妨突然說一句：「噢！我知道，你一定是想付 300 元！」對方此時可能會爭辯：「你憑什麼這樣說？我只願付 200 元。」他這麼一辯解，實際上就先報了價，你盡可以在此基礎上討價還價了。

要想有效地規避客戶的討價還價，巧妙地報價十分關鍵。下面介紹一些一般原則。

原則一：有針對性報價。

對那些漫無目的不知價格行情的客戶，可高報價，留出一定的砍價空間；對不知具體某一品種的價格情況，但知該行業銷售各環節定價規律的客戶，應適度報價，高低適度在情在理；而對那些知道具體價格並能從其他管道購到同一品種的客戶，則應在不虧本的前提下，儘量放低價格，留住客戶。總而言之，就是針對不同類型的客戶，報不同的價格，「到什麼山上唱什麼歌」。

首先，要向處於不同時間的客戶，有針對性報價。客戶正忙得

不可開交時，你可以報價模糊。讓客戶對該品種有大概的價格印象，詳細情況可另行約定時間商議。客戶有明確的購買意向時，你應抓住時機報出具體的價格，讓其對產品價格有一較為具體的瞭解。在同行銷售員較多，競爭激烈時，不宜報價。此時報價，客戶繁忙記不住，卻讓留心的競爭對手掌握了你的價格，成為其攻擊你的一個突破口。

其次，要在恰當的地點報價。報價是一種比較嚴肅的事情，你應選擇在辦公室等比較正規的場所進行報價，要不然會給客戶一種隨隨便便、草草了事的感覺。而且，在辦公室以外的地方談報價等工作上的事情，佔用私人時間容易引起客戶反感。

最後，要把握向誰報價。價格往往是商業交往中比較敏感的話題，對實行招標、議標的項目來說，價格更是一個秘密，所以在報價時要找準關鍵人。逢一般人「且說三分話」，遇業務一把手才可「全拋一片心」。向做不了主的人報價，只能是徒勞無益，甚至使結果適得其反。

原則二：講究報價方式。

在報價方式上，應注意三點：

首先，報最小單位的價格。例如啤酒報價，我們通常報 1 瓶的價格（1.5 元），卻不報 1 件的價格（36 元），正是這個道理。因為整件報價不易換算成單價，而且整件價目大，一時之間會給人留下高價的印象。

其次，報出平均時間單位內相應的價格，有時候直接提出一個價格會讓人感覺「太貴」，而忽略產品帶來的好處和消費過程。所

以要把費用分解、縮小，以每週、每天，甚至每小時計算。

例如一張床，定價 1000 元，客戶覺得太貴，你就應換個角度來表述：「人的一生有 1/3 以上的時間是在床上度過的，一張床至少能用 10 年，1000 元實際上就是一年之內每天花 0.2 元多一點。」

這不單單是語言技巧的問題，你要把它當作一種思維方式，讓客戶認識到價格的真正內涵是什麼。

再次，不報整數價。多報一些幾百幾十幾元幾角幾分的價格，儘量少報幾百幾十這樣的價格，一來價格越具體，越容易讓客戶相信定價的精確性；二來你可以在客戶討價還價的過程中，將零頭作為一個討還的籌碼，「讓利」給對方。

總之，報價在銷售中佔據重要地位，它處理得得當與否，關係著銷售業績的好壞，所以報價方法一定要正確運用，要靈活使用，否則就不會有好的效果，甚至會弄巧成拙。

心得欄 ----------------------------------

----

11 詢問處理法

在銷售員中流行著一種「為什麼」的口頭禪，這其實是指銷售員透過對客戶的拒絕提出疑問來處理拒絕的一種策略和方法。在實際銷售過程中，有的客戶拒絕僅僅是客戶用來拒絕購買而隨手拈來的一個藉口。有的拒絕與客戶的真實想法完全不一致；有的客戶本人也無法說清楚有關購買拒絕的真實原因。總之，在某些情況下，客戶拒絕的類型、性質與真實根源很難分析判斷。這就是客戶拒絕的不確定性。

客戶拒絕的不確定性為銷售員分析客戶拒絕，排除購買障礙增加了困難，也為詢問處理法提供了理論依據。例如：

客戶：「我希望你價格再降 10％！」

銷售員：「××總經理，我相信你一定希望我們給你 100％的服務，難道你希望我們給的服務也打折嗎？」

客戶：「我希望你能提供更多的顏色讓客戶選擇。」

銷售員：「我們已選擇了 5 種最被客戶接受的顏色了，難道你希望有更多的顏色的產品，增加你庫存的負擔嗎？」

詢問處理法有不少優點。

首先，透過詢問，銷售員可以進一步瞭解客戶，獲得更多的客戶信息，為進一步銷售奠定基礎；其次，如果發問運用得好，必須

帶有請教的含義，既可以使客戶提供信息，又可以使銷售保持良好的氣氛。發問使銷售員有了從容不迫地進行思考及制訂下一步銷售策略的時間；發問還可以使銷售員從被動地聽客戶申訴拒絕轉為主動地提出問題與客戶共同探討。因此，發問是一個被廣泛應用的處理客戶拒絕的方法。

但是，在銷售中，銷售員使用詢問處理法時也要注意：

首先，應採取靈活善變的方法及時追問，看準有利時機，有效地引導客戶把拒絕的真正根源講出來。

其次，要講究銷售禮儀，尊重客戶。追問的手勢、語氣、姿態，都影響到詢問的效果，應使客戶在感到受尊重和被請教的情況下說出拒絕的根源。

再次，追問客戶應適可而止。對於客戶不願意講的或者根本講不清的原因，就不要追問。

最後，應注意具體情況具體分析，靈活地運用這種方法處理拒絕。

心得欄 ------------------------------

----

12 比較優勢法

比較法是以自己產品的長處與同類產品的短處相比，使其優勢突出。

如果自己產品的價格確實高於客戶能比較的對手的價格，那麼你必須清楚明確地解釋自己的產品價格為什麼會這麼高。

銷售員如果能夠將競爭對手、同類生產企業和產品供應商的產品優勢和價格如實地給說出來，不用再多說什麼，其效果一定是非常好的。有時可以把這些資料寫在紙上，形成文字的東西可以客觀地顯示你的意見在相關方面的權威性。我們來看下面的例子。

客　戶：我在別的商店看到一模一樣的提包，只賣 30 元。

銷售員：當然賣 30 元了，那是合成革的。皮件材料有真皮的，有合成革的，從表面看兩者極為相像。您用手摸摸，再仔細看看，比較一下，合成革那能與真皮提包相提並論？

與同類產品進行比較時，銷售員可以採用下面的方法：

方法一：分析法。

大部份的人在作購買決策的時候，通常會瞭解三方面的事：第一個是產品的品質；第二個是產品的價格；第三個是產品的售後服務。在這三個方面輪換著進行分析，打消客戶心中的顧慮與疑問，讓客戶「單戀一枝花」。如：「××先生，那可能是真的，畢竟每個

227

人都想以最少的錢買最高品質的產品。但我們這裏的服務好，可以幫忙進行××，可以提供××，您在別的地方購買，沒有這麼多服務項目，您還得自己花錢請人來做××，這樣又耽誤您的時間，又沒有節省錢，還是我們這裏比較恰當。」

方法二：轉向法。

不說自己的優勢，轉向客觀公正地說別的地方的弱勢，並反覆不停地說，摧毀客戶心理防線。如：我從未發現那家公司（別的地方的）可以以最低的價格提供最高品質的產品，又提供最優的售後服務。我××（親戚或朋友）上週在他們那裏買了××，沒用幾天就壞了，又沒有人進行維修，找過去態度也不好……

方法三：提醒法。

提醒客戶現在假貨氾濫，不要貪圖便宜而得不償失。如：為了您的幸福，品質優服務好與價格便宜兩方面您會選那一項呢？你願意犧牲產品的品質只求便宜嗎？如果買了假貨怎麼辦？你願意不要我們公司良好的售後服務嗎？××先生，有時候我們多投資一點，來獲得我們真正要的產品，這也是蠻值得的，您說對嗎？

方法四：誠實法。

在這個世界上很少有機會花很少錢買到最高品質的產品，這是一個真理，告訴客戶不要存有這種僥倖心理。如：如果您確實需要低價格的，我們這裏沒有，據我們瞭解其他地方也沒有，但有稍貴一些的××產品，您可以看一下。

第 十 章

讓客戶無法拒絕你的心理術

在與客戶打交道時，準確把握來自客戶的每一個信息，有助於銷售的成功。客戶的一舉一動都在表明他們的想法，銷售員要細緻觀察客戶行為，並根據其變化的趨勢，採用相應的策略、技巧加以誘導成交。

1 敏銳地發現成交信號

客戶在產生購買慾望後，不會直接說出來，但是透過行動、表情洩露出來。這就是成交的信號。

在與客戶打交道時，準確把握來自客戶的每一個信息，有助於銷售的成功。準確把握成交信號的能力是優秀推銷員的必備素質。

「沉默中有話，手勢中有語言。」有研究表明，在人們的溝通

過程中，要完整地表達意思或瞭解對方的意思，一般包含語言、語調和身體語言三個方面。幽默戲劇大師薩米‧莫爾修說：「身體是靈魂的手套，肢體語言是心靈的話語。若是我們的感覺敏銳，眼睛夠銳利，能捕捉身體語言表達的信息，那麼，言談和交往就容易得多了。認識肢體語言，等於為彼此開了一條直接溝通、暢通無阻的大道。」

　　著名的人類學家、現代非語言溝通首席研究員雷‧伯德威斯特爾認為，在兩個人的談話或交流中，口頭傳遞的信號實際上還不到全部表達的意思的 35%，而其餘 65%的信號必須透過非語言符號溝通傳遞。與口頭語言不同，人的身體語言表達大多是下意識的，是思想的真實反映。以身體語言表達自己是一種本能，透過身體語言瞭解他人也是一種本能，是一種可以透過後天培養和學習得到的「直覺」。我們談某人「直覺」如何時，其實是指他解讀他人非語言暗示的能力。例如，在報告會上，如果台下聽眾耷拉著腦袋，雙臂交叉在胸前的話，台上講演人的「直覺」就會告訴他，講的話沒有打動聽眾，必須換一個說法才能吸引聽眾。

　　因此，推銷員不僅要業務精通、口齒伶俐，還必須會察言觀色。客戶在產生購買慾望後，不會直接說出來，但是透過行動、表情洩露出來。這就是成交的信號。

　　有一次，喬拉克在饒有興致地向客戶介紹產品，而客戶對他的產品也很有興趣，但讓喬拉克不解的是客戶時常看一下手錶，或者問一些合約的條款，起初喬拉克並沒有留意，當他的話暫告一個段落時，客戶突然說：「你的商品很好，它已經打動

了我，請問我該在那裏簽字？」

此時喬拉克才知道，客戶剛才所做的一些小動作，是在向他說明他的推銷已經成功，因此後面的一些介紹是多餘的。

相信有很多推銷員都有過喬拉克那樣的失誤。肢體語言很多時候是不容易琢磨的，要想準確解讀出這些肢體信號，就要看你的觀察能力和經驗了。下面介紹一些銷售過程中，常見的客戶肢體語言。

客戶表示感興趣的「信號」：

1.微笑

真誠的微笑是喜悅的標誌。

2.點頭

當你在講述產品的性能時，客戶透過點頭表示認同。

3.眼神

當客戶以略帶微笑的眼神注視你時，表示他很讚賞你的表現。

4.雙臂環抱

我們都知道雙臂環抱是一種戒備的姿態。但是某些狀態下的雙臂環抱卻沒有任何惡意，例如，在陌生的環境裏，想放鬆一下，一般會坐在椅子裏，靠著椅背，雙臂會很自然地抱在一起。

5.雙腿分開

研究表明：人們只有和家人、朋友在一起時，才會採取兩腿分開的身體語言。進行推銷時，你可以觀察一下客戶的坐姿，如果客戶的腿是分開的，說明客戶覺得輕鬆、愉快。

當客戶有心購買時，他們的行為信號通常表現為：

‧點頭。

· 前傾，靠近銷售者。

· 觸摸產品或訂單。

· 查看樣品、說明書、廣告等。

· 放鬆身體。

· 不斷撫摸頭髮。

· 摸鬍子或者捋鬍鬚。

上述動作，或表示客戶想重新考慮所推薦的產品，或是表示客戶購買決心已定。總之，都有可能是表示一種「基本接受」的態度。

最容易被忽視的則是客戶的表情信號。推銷員與客戶打交道之前，所行事的全部依據就是對方的表情。客戶的全部心理活動都可以透過其臉部的表情表現出來，精明的推銷員會依據對方的表情判斷對方是否對自己的話語有所反應，並積極採取措施達成交易。

客戶舒展的表情往往表示客戶已經接受了推銷員的信息，而且有初步成交的意向。

客戶眼神變得集中、臉部變得嚴肅表明客戶已經開始考慮成交。推銷員可以利用這樣的機會，迅速達成交易。

在客戶發出成交信號後，還要掌握以下小技巧，不要讓到手的訂單跑了。

1.有的問題，別直接回答

你正在對產品進行現場示範時，一位客戶發問：「這種產品的售價是多少？」

⑴直接回答：「150 元。」

⑵反問：「你真的想要買嗎？」

⑶不正面回答價格問題，而是給客戶提出：「你要多少？」

如果你用第一種方法回答，客戶的反應很可能是：「讓我再考慮考慮。」如果以第二種方式回答，客戶的反應往往是：「不，我隨便問問。」第三種問話的用意在於幫助顧客下定決心，結束猶豫的局面，顧客一般在聽到這句話時，會說出他的真實想法，有利於我們的突破。

2.有的問題，別直接問

客戶常常有這樣的心理：「輕易改變生意，顯得自己很沒主見！」所以，要注意給客戶一個「台階」。你不要生硬地問客戶這樣的問題：「你下定決心了嗎？」「你是買還是不買？」儘管客戶已經覺得這商品值得一買，但你如果這麼一問，出於自我保護，他很有可能一下子又退回到原來的立場上去了。

3.該沉默時就沉默

「你是喜歡甲產品，還是喜歡乙產品？」問完這句話，你就應該靜靜地坐在那兒，不要再說話──保持沉默。沉默技巧是推銷行業裏廣為人知的規則之一。你不要急著打破沉默，因為客戶正在思考和作決定，打斷他們的思路是不合適的。如果你先開口的話，那你就有失去交易的危險。所以，在客戶開口之前你一定要耐心地保持沉默。

2 讀懂客戶的身體語言

　　客戶的一舉一動都在表明他們的想法，細緻觀察客戶行為，並根據其變化的趨勢，採用相應的策略、技巧加以誘導，在成交階段十分重要。

　　在與客戶進行溝通的過程中，銷售人員可以透過自己的身體語言向客戶傳遞各種信息，同時，客戶也會在有意無意間透過肢體動作表現某些信息，這就要求銷售人員認真觀察、準確解讀。可以說，準確解讀客戶的身體語言，是銷售人員實現銷售目標的重要條件之一，有時候捕捉住客戶的一個瞬間小動作就有可能促成一筆交易。

　　在與客戶的溝通中，有些人會極力掩飾自己，不願意透過口頭表達或其他方式透露相關信息，但是他們的一些不經意的小動作卻常常會「出賣」他們。注意觀察這些小動作，往往可以從中捕捉到至關重要的信息，有這樣一個小例子：

　　一位汽車銷售人員正在做客戶回訪，當他們聊天的時候，碰巧看到那位客戶的同事正在上網看一組汽車圖片，他當時就覺得這是一位潛在客戶。於是，他對那位潛在客戶說：「您可以看看我們公司的汽車，這是圖片和相關資料。」但這位潛在客戶馬上拒絕了，他表示自己馬上要出去辦事。「只需要五六分鐘就看完了，而且我可以把東西留在這裏。」銷售人員急忙說道，

同時他迅速拿出幾款男士比較喜歡的車型圖片。這時他看到潛在客戶的目光停留在了其中一款車的圖片上，而且剛剛準備拿著皮包要走的他又把皮包放到了桌子上，坐了下來。銷售人員意識到，潛在客戶已經對那款車產生了極大的興趣，於是開始趁熱打鐵地展開推銷。

當然，在溝通過程中，客戶的肢體動作包括很多種，如果對客戶的每一個動作都進行分析和解讀，那是不現實的，況且那麼做也常常會錯過重要信息而在一些無效信息上浪費巨大的時間和精力。實際上，最能表達信息的肢體語言常常是眼神、面部表情、手勢或其他身體動作等。在解讀客戶身體語言時，銷售人員可以從這幾方面入手：

1.眼神變化

平常你只要多注意對方眼神的微妙變化，就可瞭解人們在無意識中所表達出來的感情及慾望。一般而言，交談時若對方目光炯炯有神、瞳孔放大，則表示對這件事的洽談有相當程度的關心。

心理學家研究表明：當人們看了有趣的物品、注視所關心的事物時，瞳孔也要比平時擴大許多，目光看來炯炯有神。推銷時，若你所呈示的商品，客戶缺乏興趣，其瞳孔也將隨之變小，眼神也變得暗淡無光。由瞳孔的變化，可以察知對方的感情及慾求，可以視為行為語言的一種，在客戶溝通中，若能善加利用，則獲益匪淺。

2.面部表情

面部表情也透露出客戶對商品的興趣，例如：那些表情較為豐富且變化較快的客戶更趨向於情緒型，有時一句感情色彩比較濃厚

的話就可能會引起他們的強烈共鳴,而一個不得體的小動作也可能會使他們的情緒迅速低落。對於這類客戶,銷售人員要給予更多的體貼和關懷,要多傾聽他們的意見,這樣才能達到有效溝通的境地。

相反,那些表情嚴肅、雙唇緊閉、說話速度不緊不慢但語氣卻非常堅定的客戶通常更為理智。與這些客戶溝通時,銷售人員最好把話題集中到與銷售有關的內容上,不要東拉西扯。對於這些客戶提出的問題,銷售人員要給予自信而堅定的回答,若是你的回答模棱兩可、躲躲閃閃,那麼他們肯定會懷疑你,當然也不會有什麼好結果。

3.手勢

手勢是人們在交談時最顯眼也是最常用的身體語言,商談時若客戶不停地記錄內容,或把筆放在嘴巴旁邊,做出思考的動作,這通常表示的是一些積極的意願。例如客戶說:「我想知道更詳細的商品內容。」或者說:「我希望把洽談資料呈示給對方,做翔實的解說,相信會有很好的收穫。」如果你的客戶這樣說,那麼恭喜你,你就要成功了。

如果對方此時把雙手的拇指伸直,或者做出合掌的動作,可視對方以相當嚴謹的心情來聆聽你的談話,這樣一來也可以提高洽談的效果。

在客戶表現出的眾多手勢中,值得注意的是,客戶常常會透過快速擺手臂或者其他手勢表示拒絕,如果銷售人員對這些手勢動作視而不見,那麼接下來可能就是毫不客氣的驅逐,事情一旦到了這一步就很難有回轉的可能。所以,當發現客戶用手用力敲桌子、擺

弄手指或擺動手臂時，銷售人員就應該反思自己此前的言行是否令客戶感到不滿或厭煩，然後再採取相應的措施。

除此之外，若是雙方洽談時，對方不時注意著手錶或掛鐘，這也是對商品缺乏興趣的表現或者腦海中想著還有其他的要事待辦，特別是不願與眼前的人交談，有敬而遠之的潛在意識。其舉止充分顯示了「我現在很忙，沒有時間與你洽談」。

相反，客戶對洽談有濃厚興趣時，會把座椅拉前，並把坐姿稍向前傾，來聆聽你的談話。

客戶的一舉一動都在表明他們的想法，細緻觀察客戶行為，並根據其變化的趨勢，採用相應的策略、技巧加以誘導，在成交階段十分重要。

大量研究表明，想要購賞的積極的行為信號通常表現為：點頭；雙眉上揚；前傾，靠近銷售者；眼睛轉動加快；觸摸產品或訂單；查看樣品、說明書、廣告等；嘴唇抿緊，像是在品味著什麼；顧客放鬆身體，神情活躍；不斷撫摸頭髮；摸鬍子或者持鬍鬚；由造作的微笑轉變為自然的微笑。

其實，身體語言不僅是進行銷售的重要組成部份，也是處理投訴的重要步驟。通常，客戶進行投訴時，身體語言會透露出緊張和一定的焦慮情緒。你可以透過對方身體上有侵略性的姿勢看出這一點，或是透過對方交叉在胸前的手，看出他些許的不安全感，因為他對投訴感到不舒服。同樣，客戶的態度生硬，讓人無法親近，也說明他處於緊張之中。這時你的語言就要緩和，儘量穩定對方的情緒，等到他的身體放鬆下來之後，再作進一步的打算。

3 讓客戶儘量說「是」

優秀的推銷員可以讓顧客的疑慮通通消失，秘訣就是儘量避免談論讓對方說「不」的問題。在談話之初，就要讓客戶說出「是」。

銷售時，剛開始的那幾句話是很重要的，下列是兩個「成功」「失敗」的例子。

「有人在家嗎？……我是 XX 汽車公司派來的。是為了轎車的事情前來拜訪的……」

「轎車？對不起，我現在手頭緊得很，還不到買的時候。」

很顯然，對方的答覆是「不」。而一旦客戶說出「不」後，要使他改為「是」就很困難了。因此，在拜訪客戶之前，首先就要準備好讓對方說出「是」的話題。

當一次談話開始的時候，如果能夠誘導對方說出更多的「是」，我們以後的建議或意見，就比較容易獲得對方的認同。

運用「是」的方法，紐約一家儲蓄銀行的出納員成功地拉住了一位闊氣的儲戶。

這人進銀行來存款，我按照規定，把存款申請表格交給他，有的項目他馬上就填寫了，可是有的項目他拒絕填寫。這事如果發生在以前，我會告訴那位顧客，如果你不把表格填上，那我就拒絕你的存款要求。很慚愧，我以往都是這樣做的。當然，

每當說出這種具有權威性的話後，我就會感到很自得。

　　但那天上午，我就運用了一點實用的知識，我決意不談銀行所要求的，而談些顧客方面的需要。最主要的，我決定使他一開始就說「是、是」。我說，我的意見跟他完全一樣，他既不願填滿表格，我也認為並不「十分」必要。

　　我對那位顧客說：「如果出現什麼事情，你有錢存在銀行裏，你是不是願意讓銀行把存款轉交給你最親密的人？」

　　客人馬上回答：「當然願意。」

　　我接著說：「那麼，你就依照我們的辦法去做如何？你把你最親近的親屬的姓名、情況，填在這份表格上，如果出現什麼情況，我們立即把這筆錢移交給他。」

　　那位顧客又說：「是，是的。」

　　那位顧客態度軟化的原因，是他已知道填寫這份表格完全是為他打算。他離開銀行前，不但把所有情況都填在表格上，而且還接受了我的建議，用他母親的名義，開了個信託帳戶，有關他母親的具體情況，也按照表格詳細填上。

　　我發覺使他一開始就說「是、是」，我們之間就不會為了填表格的事而發生爭執，並且顧客很愉快地依我的建議去做了。

　　也許並不是每個說服都這麼簡單，但這個案例卻提供了一個思路。下次當我們被拒絕時，問一些能夠獲得對方「是、是」反應的問題。

　　推銷員應當誘導顧客儘量地多說「是」，不給顧客拒絕和反駁的理由。顧客說出「是」，就表示他已經對推銷員表示信任和認同，

而接下來的推銷工作就會順利得多。

　　讓別人喜歡你、信任你、對你感興趣，你在銷售中就可以達到頂尖的成就。

　　世界著名推銷大師陶德在推銷時，總愛向客戶問一些主觀答「是」的問題。他發現這種方法很管用，當他問過五六個問題，並且客戶都答了「是」，再繼續問其他關於購買方面的知識，客戶仍然會點頭，這個慣性一直保持到成交。

　　陶德開始弄不清裏面的原因，當他讀過心理學上的「慣性」後，終於明白了，原來是慣性化的心理使然。他急忙請了一個內行的心理學專家為自己設計了一連串的問題，而且每一個問題都讓自己的準客戶答「是」。利用這種方法，陶德締結了很多大額保單。

心得欄 ------------------------------

----

4 限量銷售，製造緊張氣氛

　　在義大利有一個專售首批新產品的市場即賴爾市場。同樣一件產品，價錢都相同，在這裏卻賣得出奇的好。原因是什麼？原來這家市場的任何一種新產品都只銷售一次，售完為止，不再第二次進貨。即使一些商品客戶很喜歡，搶上手的喜上眉梢，沒搶到手的懊悔不迭，要求市場再一次進貨，可得到的卻總是讓人遺憾的回答：「很抱歉，本市場只售首批，賣完便不再進貨，即使是搶手貨也是如此。」

　　面對這樣的回答和做法，許多客戶難以理解，在閒談中，他們已經把這種奇怪的現象不斷地向別人訴說，於是在人們心目中逐漸形成了這樣的觀念：賴爾市場都是最新的產品，要想購買新產品，必須當機立斷。所以每當新產品上市，就會出現客戶蜂擁搶購的場面。

　　短缺因素對產品的價值會起到很大的影響作用，利用這一原理，銷售人員可以給顧客施加壓力，使之順從。銷售人員使用「數量有限」的策略，告訴顧客某商品供應緊張，不能保證一直有貨的時候，顧客就會及早地採取購買行動。

　　當銷售人員發現顧客對某個商品感興趣時，對其進行巧妙引導，在說明商品的優點、價格實惠的同時，不妨加上這樣的提醒：

「此款商品剛剛賣出一個，這是最後一個了，如果錯過，就得等一個星期以後再來買了。」顧客在聽了這樣的話之後，往往會迅速作出決定，先買了再說。

利用「只有一次機會」誘惑客戶，這種方法會使顧客產生這樣的心理效應：「我不會再錯過這次機會了，就買它了。」當客戶受到誘惑的時候，是不會輕易放棄機會的。銷售人員若能抓住這個心理，讓客戶難捨自己喜歡的商品，就會促使成交。例如，「時間有限」、「獨家放映」、「只限 3 天」等策略，都可以引起顧客的關注，讓顧客趕在時間到達之前果斷地作出行動。

「物以稀為貴」，反映了人們的一種深層心理，就是害怕失去或者怕得不到。在消費方面，這種心理也非常明顯。顧客對越是買不到的東西越是想要得到它，而商家正是利用了顧客的這種害怕買不到的心理，採取「名額有限」等方式來吸引顧客。

銷售人員要善於在銷售中恰當地給顧客製造一些懸念，如「優惠僅 3 天」、「有人已訂購」等，讓客戶覺得如果不買，就會錯過最佳的購買機會，等到以後想買也買不到了。這樣促進顧客迅速購買，自己的交易也就迅速達成了。

5 欲擒故縱成交法

欲擒故縱中的「擒」和「縱」，是一對矛盾的統一體。在軍事鬥爭中，「擒」是目的，「縱」是方法。古人有「窮寇莫追」的說法。事實上，不是不追，而是看怎樣去追。把敵人逼急了，他也會「狗急跳牆」，集中全力拼命做最後的反撲。不如暫時放敵人一步，使敵人喪失警惕性，鬥志鬆懈，然後再伺機而動，殲滅敵人。欲擒故縱被歷代軍事家運用得惟妙惟肖。

欲擒故縱主要利用人們對事物的態度，是越朦朧越想尋求其清晰的心理。如果能把謎面說得撲朔迷離，人們就越想尋求謎底，破解謎面。胃口吊得越高，消化得就越好。

在銷售行業裏，也有經典的運用欲擒故縱來銷售的故事。

一天，一個銷售員在兜售一種炊具。他敲了丁先生家的門，他的妻子開門請銷售員進去。丁太太說：「我先生和隔壁的林先生正在後院，不過，我和林太太願意看看你的炊具。」

銷售員說：「請你們的丈夫也到屋裏來吧！我保證，他們也會喜歡我介紹的產品。」

於是，兩位太太「硬逼」著他們的丈夫也進來了。銷售員做了一次極其認真的烹調表演。他用他所要銷售的那套炊具溫火煮蘋果，然後又用丁太太家的炊具以傳統的方法煮，兩種方

法煮成的蘋果區別非常明顯，給兩對夫婦留下了深刻的印象。但是男人們總是會裝出一副毫無興趣的樣子。

這個時候一般銷售員看到兩位主婦有買的意思，一定會趁熱打鐵，鼓動她們買，如果這樣做的話，還真不一定能銷售出去，因為越是容易得到的東西，人們往往覺得它沒有什麼珍貴的，而得不到的才是好東西。這個聰明的銷售員深知人們的這種心理，於是將樣品放回盒裏，對兩對夫婦說：「多謝你們讓我做了這次表演，我實在希望能夠在今天向你們提供炊具，但我今天只帶了樣品，也許你們將來才想買它吧。」說著，銷售員起身準備離去。這時兩位丈夫立刻對那套炊具表現出極大的興趣，他們都站了起來，想要知道什麼時候能買得到。

丁先生說：「現在能向你購買嗎？我現在確實有點喜歡那套炊具了。」

林先生也說道：「是啊，你現在能提供貨品嗎？」

銷售員真誠地說：「兩位，實在抱歉，我今天確實只帶了樣品，而且什麼時候發貨，我也無法知道確切的日期。不過請你們放心，等發貨時，我一定會記得告訴你們。」

丁先生堅持說：「唔，也許你會把我們忘了，誰知道呀？」

這時，銷售員感到時機已到，於是銷售員說：「噢，為保險起見——你們最好還是付訂金買一套吧。一旦公司發貨就給你們運來。這一般要等 1 個月，甚至可能要兩個月。」

兩位丈夫趕緊掏錢付了訂金。大約 1 個月以後，商品送到了他們家。

　人似乎總是想要得到難以得到的東西,「欲擒故縱」推銷法就是利用了顧客的這個天性,實現了交易目的。「欲擒故縱法」是一種很有效的銷售方法。

6 讓客戶有被優待感覺的暗盤優惠

　一位男士陪妻子去菜市場買菜。結果發現妻子每一次為了買一塊五花肉,她寧可繞過二三十個小攤,來到一個並不特別起眼的攤子前:

「老闆,給我切 4 斤五花肉。」

「喔!是王女士啊,你好!你好!」

　然後,壓低了聲音說:「今天的五花肉不夠好,太肥了,怕膩人。看看是不是改買梅花肉,今天的梅花肉特別瘦、特別嫩,我照老價錢給你好了。」

「好!那就來 3 斤吧!」

　丈夫很納悶地問她:「你買肉從來都不挑,也不問價錢的嗎?」

「不必,這家老闆跟我很熟了,我是他的老主顧。他說肉不好,應該是肉不好,不會騙我的,而且他的價錢一向都很公道。」

　　老闆很快切好 3 斤肉，往秤盤上一放，一看確實比 3 斤還多了一點點，然後又順手切了塊瘦肉當添頭，一起包了起來。這時，丈夫才恍然大悟，為什麼這個攤子的生意會比別人的好上很多。

　　銷售人員是否真正重視客戶，客戶是能夠感受到的。所以，銷售人員在語言上和行動上都要讓客戶感覺到你對他是多麼的重視，你對他是多麼的關心，這樣你的銷售工作就會容易得多。

　　從心理學角度來講，一個人如果一開始就說「是」或連續說幾個「是」，那麼對下一個問題便會有說「是」的心理傾向。反之，如果一開始就說「不」或連續說幾個「不」，那麼對下一個問題便會有說「不」的心理傾向。那麼，銷售員應該如何引導客戶說「是」呢？

　　從心理學上講，人人都喜歡被他人重視，希望自己能夠在同樣的情況下得到特殊對待。銷售中的暗盤優惠策略，就是暗地裏給客戶優惠，在客戶看來這種優惠他人可能無法得到，會讓客戶有被優待的感覺。這是贏得客戶內心的一條妙計。

　　對於客戶來說，購買商品時不僅會在意自己以什麼價位買下一件商品，還會關注別人以什麼價位買下它。這樣一來，有誰不希望自己以儘量低的成本買到同一件產品？而在銷售過程中如果你運用暗盤優惠，這就會讓客戶感覺這個交易對他來說是特別優待的。他從中得到了更多實惠，在這種情況下，客戶自然就喜歡上你，並多次光顧。

　　蘇菲是一家奶粉公司的銷售人員，最近在拜訪一家有名的婦產科診所，希望能夠得到診所的推薦。雖然蘇菲知道這家婦產科診所偏愛另一家的奶粉，但是她仍然不放棄，不定期地到診所走一走、發發新資料。

　　有一天，她聽到醫生說想要去燙頭髮，但不知道去那一家燙比較好。

　　「我知道某某街有一家的美髮師的手藝很好。」蘇菲說。

　　「哦？你說的髮廊在那裏？」醫生又問。

　　「就在……」話還沒說完，蘇菲的腦海中突然閃出一個念頭：何不現在就帶她去燙頭髮呢？

　　於是，她話鋒一轉，接著問醫生現在有沒有空。「有啊，要做什麼？」醫生好奇地問。

　　「走，我現在就帶你去做頭髮。」

　　蘇菲打電話給美髮師，確認他有空之後，立刻坐車帶著醫生到髮廊。當醫生在燙頭髮的時候，蘇菲就在一旁與她聊天。

　　「蘇菲，真沒想到你這麼有魄力，馬上帶我來。」醫生說，「其實，我想燙頭髮已經想了好幾天了，別的奶粉銷售人員聽到我想燙髮，都只是口頭告訴我 XX 家的幾號設計師而已，我真的想不到你竟然親自帶我來燙髮！」

　　結果，在這次的「燙髮行」之後，只要來到這家診所的孕婦問起：「寶寶吃那一家的奶粉最好？」診所就會幫蘇菲推薦。蘇菲的業績突飛猛進，成為公司的最佳業績銷售人員。

　　從這次之後，如果蘇菲去拜訪的時間接近用餐時間，醫生

247

就會邀她到她家吃飯，兩人像朋友一般相處，這個「福利」絕對是其他奶粉銷售人員享受不到的。

在生意場上，這種暗盤優惠的手法，由於效果明顯，經常為高明的商家採用。的確，「朋友歸朋友，生意歸生意」，商家跟你一不是親戚，二非朋友，如果能給你額外的實惠和好處，作為消費者，豈能不動心？

有的飯店老闆在經營中也很會採用這樣的心理策略。對於回頭客，一旦顧客開始第二次消費時，他們會視消費金額大小，不斷地給一些優惠：今天送盤水果，明天送份點心，後天來包香煙，說是經理招待。人多的時候還會送價值偏高的葡萄酒，說是總經理奉送，給你撐足面子的，同時也有看得到的實惠。這樣一來，只要有應酬，顧客第一個念頭就會想到它，而不是別家。

在一些便利小店買東西時，估計你也會有這樣的體驗，如果碰上的是這樣的老闆：你付錢的時候少了一塊兩塊零錢，他會大方地說，不用給了。你一定會樂呵呵地下回再來。商業經營需要智慧，這種「暗盤優惠」可使許許多多的一般客戶變成永久而忠實的招財童子。

7 激將法成交

　　激將術指銷售員採用一定的語言技巧刺激客戶的自尊心，使客戶在逆反心理作用下完成交易行為的成交技巧。俗話說：「勸將不如激將。」在銷售中可以運用這種技巧達到推銷目的。

　　激將術是用反話或刺激性的語言鼓動別人去行動的一種手段，是在銷售中常用的方法和策略。

　　偉大的銷售員原一平，曾去拜訪一位個性孤傲的客戶，連續去了三次，可那位客戶就是對他不理不睬的，原一平實在沉不住氣，就對他說：「您真是個傻瓜！」

　　那位客戶一聽，急了：「什麼！你敢罵我？」

　　原一平笑著說：「別生氣，我只不過跟您開個玩笑罷了，千萬不能當真，只是我覺得很奇怪，按理說您比某先生更有錢，可是他的身價卻比您高，因為他購買了 1000 萬日元的人壽保險。」

　　最終，這位客戶被原一平的激將術給激醒了，購買了 2000 萬日元的人壽保險。保險銷售員在遇到此類客戶時，也可這樣說：「您的親戚朋友都買了保險，以您的能力，相信肯定沒問題。」此方法對促成高保額保單特別有效。

　　激將術是將一些猶豫不定的客戶用刺激的話或反話來鼓動他

去做他本不想做不願做的事，例如：別再猶豫了，其實您根本就做不了老婆的主；又如：最近的男人好像都變得婆婆媽媽的，可是我一看，您就不是這樣的人，像您這樣男子漢十足的人一定英明果斷，實在是讓我敬佩，您裝豪華的，還是普通的，下訂單吧。

一位女士在挑選商品時，如果對某件商品較中意，但卻猶豫不決，營業員可適時說一句：「要不徵求一下您先生的意見再決定。」這位女士一般會回答：「這事不用和他商量。」從而立即作出購買決定。

但是，由於激將術的特殊性，使得它在使用時，因時機、語言、方式的微小變化，可能導致客戶的不滿、憤怒，以致危及整個推銷工作的進行，因此必須慎用。

使用激將術可以減少客戶異議，縮短成交的時間。如果對象選擇合適，更易於完成成交工作。合理的激將不但不會傷害對方的自尊心，還會在購買中滿足客戶的自尊心。

心得欄 _____

_____

_____

_____

_____

_____

8 新品上市，引發顧客的好奇心

　　乏味的介紹不能給客戶帶來絲毫的關注點和興趣。與其乾巴巴地作推薦，不如製造一些懸念，讓客戶對你的產品感到好奇，好奇心強烈，購買慾望自然也就強烈了。

　　面對一個會有效激發客戶好奇心的銷售人員，客戶會產生這種心理：這個銷售人員讓人感覺很舒服，他好像對自己代表的產品很有信心，那麼肯定有不少人買過，似乎得到過不少肯定，所以應該不錯，那我就試試吧！

　　如果你能激起客戶的好奇心，你就有機會創建信用，建立客戶關係，發現客戶需求，提供解決方案，進而獲得客戶的購買。

　　一位銷售人員出售一條領帶，和大多數的領帶一樣，這條領帶也只是用絲綢製作而成的，但這位銷售人員卻利用了顧客的好奇心理，加之漂亮的宣傳詞，讓這條普通的領帶一下子非同小可了。下面來看看他是如何做到的：

　　「我今天要獎給獲得演講比賽的冠軍一份特別的禮物，這份禮物的價值非同尋常。你們可別小看這條領帶，普通的領帶都是用油紙袋或者紙盒包裝，好的領帶是木盒包裝。我這條領帶的特別之處在於裝領帶盒的面料和領帶的面料一模一樣。你們再看領帶的背面，一般的領帶背後都是布料的標籤，我這領

帶的背後是純金屬的商標，而且鍍了金，上面刻著設計者的名字以及領帶的品牌名。這條領帶是義大利著名領帶公司設計的，只做了 4 條。設計師是那家設計公司最好的設計師。這條領帶價值 800 美元。

「各位，重點不是這 4 條領帶面料值多少錢，製作技術值多少錢，設計值多少錢，重點是全球絕版的這 4 條領帶。前兩天有兩條被英國皇室的兩位小王子買走了，他們兄弟一人一條。另外兩條中的一條被美國前總統克林頓先生買去了。餘下的一條被美國最著名的比弗利山莊旁的世界最好的男裝店搶先得手，因為我正好認識那位老闆，所以才能買到。你們現在想想看，這條領帶值不值 800 美元？」

眾顧客：「值！」

可見，銷售人員若能利用顧客的好奇心，巧妙地激發顧客的情緒，營造出強烈的購買氣氛，成交就容易得多了。

1.讓客戶自己判斷

有許多方式可以激發人們的好奇心，但最簡便的方法就是問「猜猜發生了什麼」。

2.詢問刺激性問題

刺激性問題或陳述可以激發客戶的好奇心。人們會好奇為什麼你要這麼問或這麼說。這使得人們會情不自禁地想：到底是什麼？「我能問個問題嗎？」的效果也是一樣的，你所要詢問的對象一般都會回答「好的」，同時他們還會自動設想你會問些什麼。

3.只提供部份信息甚至壞的消息

有時銷售人員花費了大量的時間、不厭其煩地向客戶反覆陳述自己的公司和商品的特徵以及能給客戶帶來的利益，然而效果並不一定很好。這時，你可以反其道而行之。

銷售人員：「我們的工程師前幾天對您的系統進行了測試，他認為其中存在著嚴重的問題。」

客戶：「什麼問題？」

銷售人員：「透過研究系統結構，我們發現其中的一個服務器可能會損壞數據。不過好在還有解決的辦法。你能不能把有關人員集中起來，以使我們能公開展示一下問題所在，同時解釋可供選擇的解決方案。」

4.向客戶推薦新奇的東西

新東西人們都想「一睹為快」，所以可以利用這一點來吸引客戶的好奇心。

銷售人員：「馮先生，我們即將推出兩款新產品，幫助需要者從事電子商務。或許對您會有用，您願意看看嗎？」

5.利用趨同作用

如果其他人都有著某種共同的趨勢，客戶必然會加入進來，而且通常想知道更多信息。

銷售人員：「坦率地說，先生，我已經為你的許多同行解決了一個非常重要的問題。」這句話足以讓客戶感到好奇。

根據你採取的拜訪方式的不同，你可以採用不同的激發好奇心的策略。有不少方法可以幫助你做到這一點，只要能讓你的客戶感

到好奇，你就可以發展更多的新客戶，發現更多的需求，傳遞更多的價值，銷售業績也會大大提高。

　　好奇是人類的天性，巧妙地利用消費者的好奇心，會促進銷售工作順利開展。在實際銷售工作中，利用客戶的好奇心，引起其注意和興趣，然後轉而道出商品的各種優勢，轉入銷售面談。銷售人員想要影響和激發客戶的情緒、情感之前，必須要先和自己對話，激發自己的情緒與情感。

心得欄 -------------------------------

----

9 引導話題轉向自己期待的方向

有位法律系的教授，上課第一天，才走上講台，就說：「有個獵人追一隻狐狸，狐狸繞著彎跑，獵人開了好幾槍都沒打中，狐狸衝向一棵大樹，鑽進樹下的一個洞，樹洞有另一個出口，居然跳出一隻兔子，獵人喜歡吃兔肉，就追兔子，兔子一躥，跳進一樹叢，獵人對著樹叢開一槍，轟一聲，跳出一頭黑熊，獵人對準黑熊開槍，發現槍裏沒子彈了，只好轉身跑。一邊跑、一邊裝子彈，幸虧黑熊跑不快，這獵人回頭補一槍，終於把黑熊打死了。」

說到這兒，教授看看下面眼睛瞪得大大的學生問：「怎樣？精彩吧！」

「太棒了，從打一隻兔子，變成打到一頭大熊。」有學生說。

「太有意思了，獵人原來只想打狐狸，結果能跳出兔子和黑熊。」另一個學生講。

「黑熊值不少錢呢！」許多學生交頭接耳，「獵人發了。」

「說不定獵人打兔子的那一槍，已經打中了黑熊，」又有個學生說，「所以黑熊跑不快，不然獵人早死了。」

看看學生，教授笑笑：「你們想得都不錯，但是為什麼沒有

255

一個人問『那原來的狐狸呢？兔子呢』？前面的那個主角到那裏去了？」然後，教授表情轉為嚴肅，說：「你們要當法官、當律師、做檢察官，就得防著不要被人轉移了焦點！」

的確，法官、律師、檢察官在工作的時候，因為工作的需要，是得防止被人轉移了焦點，換一個角度，作為銷售人員，你是不是可以透過巧妙地轉移談話焦點而達到自己的目的呢？

當然可以。如果你想在與客戶交談中佔據主動，奪取發言權，你不妨拋出你想要談論的新話題，轉移客戶的注意，在客戶不知不覺中甩掉舊話題。

不過，這通常會遇到一些困難。如果客戶正在滔滔不絕地談他感興趣的事情，或故意迴避你的話題。你突然打斷客戶談話，結果可能會很糟糕，可能你非但沒有獲得發言權，還會引起客戶的反感。

有沒有辦法讓你既獲得發言權，又不惹客戶不高興呢？

當然有，就像上面的那個故事，如果你突然把狐狸藏起來了，獵人找不到狐狸，可能會生氣，反之，如果你藏起了狐狸，但悄悄拋出了兔子或黑熊，他的注意力就轉移了，就很自然地追逐新的目標去了。

談話也一樣，如果對方正聊得痛快，你直接告訴對方「我想說」、「咱別談那事，談點別的」之類的話，對方肯定會心生不快。這時，你不妨從對方正在談論的話題中引申出新的話題。

你可以以下面幾種方式開頭：

「您的話使我想到……」

「記得您以前也說過……」

「聽您這麼一說，我相信……」

接著便引出完全不同的話題。即使話題向著另一個方向行進，客戶也毫無辦法。

熟練運用這種「轉話法」的高手，首推那些政治家們。看一下某些國家電視轉播的國會辯論節目，我們就會發現，面對在野黨議員緊追不捨的提問，執政黨的大臣們的表現可謂是不慌不忙，他們回答問題時是那樣的從容不迫。

「關於那件事情，正如您所說的那樣，確實是正確的，但是，關於另外一件事……」

「正如您所說的那樣，這確實是一件非常重要的事情，所以，我們會在慎重的調查之後給您以回答，在此之前……」

心理學研究表明，越是緊張的場面，這種心理戰術越有效。這是因為，人類的思考模式有一種傾向，當一個人處於極度緊迫的心理狀態下時，如果突然給以其他方向的提示，他就會在不知不覺之中將所關心的事情轉向這個方向。

10 一步步朝著目標努力

「騎驢找馬」策略，即先把眼前所能成交的最好方案或客戶拽在手，除非有比這更好的成交方案或客戶，否則不放。這樣不但可讓手中的成交結果比較理想，而且「邊走邊換」，成交結果只會對自己越來越有利，而不會越來越糟。

有這麼一個故事：

有位富翁在海邊碰到了一個男孩，富翁心血來潮，想考驗一下這個男孩夠不夠聰明，於是他讓小孩在自己前方的 100 米範圍內撿一個石頭。石頭愈大，獎金愈高，但有一個限制條件，不准回頭撿。結果，一趟走下來，那個男孩拿回來的是一個半大不小的。所以，獎金也就不是那麼豐厚。

實際上，如果這個男孩採用「騎著驢找馬」的策略，也就是說，先把眼前所能找到的最大的石頭撿起來放著，除非有比手上更大的石頭，否則不放。運用這個策略，不但可讓手中的石頭比較大，而且「邊走邊換」，石頭只會越來越大，而不會越來越小，不是嗎？

在銷售當中就可以運用「騎驢找馬」的策略，去獲取理想的成交價位。

有一天，一名銷售經理在公司裏接到一位銷售新手從現場打回來的電話：

「主管，這裏有位客戶看中了一棟房子，他出價 90 萬，還問我這個價錢能不能賣。我記得您曾說過，這棟房子 90 萬就可以出售。可是，我又擔心，如果就這樣立刻答應他，會讓他覺得自己出價太高。不答應的話，又怕客戶出門後就不回來了，結果更糟糕。您看我現在該怎麼辦呢？」

銷售經理回應他說：「你問他可不可以付訂金，付多少。」

銷售人員立刻回身去問那位客戶，然後回頭報告經理：「可付 10 萬訂金。」

銷售經理當場請銷售人員轉告那位客戶，請他帶著這 10 萬訂金到公司來，當面商議。40 分鐘後，銷售人員果然把那個客戶帶到了公司，那名銷售經理立刻出面親自接待。一陣寒暄後，他對客戶說：「90 萬的價格有點低，房主不一定答應，如果是 95 萬，我倒是可以幫您和房主爭取看看。」

客戶回應說：「95 萬以上那就超過我的預算了，那樣我就不買了。現在，10 萬訂金已經帶來了，行不行你就看著辦吧！」

「您請稍等一下，我打電話問問房主同不同意。」

說完，就轉身撥了個電話給房主，幾分鐘後，那位經理給這位客戶回話了：「房主同意降低至 93 萬，這已經是很優惠的價錢了。」

客戶先是還想堅持，不過由於買意甚強，加上銷售員在旁邊不斷地「敲邊鼓」，最後那個客戶以 92 萬的價位與他們成交了。

在這個銷售案例中，如果沒有經過當場的「討價還價」，就不

會多出那 2 萬元的利潤。更重要的是，如果不是立刻成交，等待那名客戶再回來或期待下一個客戶的話，一切就變得更不可測了。

客戶在購買東西的時候，並非是完全的理性，有時候完全是一股衝動。而一般這股衝動的持續時間通常都不會太長，如果能及時掌握客戶購買衝動的最高點，就能在相對的高價點上成交，就可拿下較好的銷售業績。

有一棟房子交給了一家仲介公司，合約註明委託期 30 天，底價 153 萬。仲介公司開價 163 萬，投入了一大筆廣告促銷，其間有幾個人來看房，但是由於總價過高，卻沒有人肯出價。

一直熬了 20 多天，眼看著委託期就快要到了，總算出現一位準客戶。經過一番參觀、盤算後，他出價 130 萬。開價 163 萬，底價 150 萬，這位老兄下手可真狠，一砍就是 33 萬！熬了這麼久，委託期限也快要到了，促銷費也快血本無歸了。好不容易來了這麼個顧客，那能輕易地讓他佔了便宜，價錢出得這麼低，非讓你加價不可！

在這種心理背景下，那裏的銷售人員本能的反應就是：「不賣！」

然而，5 天后，那個顧客卻以 148 萬的價錢在附近買了同一規格的房子，機會就這樣稍縱而逝了！

實際上，回頭想想，對方開價雖在「底價」(房主委託價)之下，但通常的情況是：說服房主比顧客容易多了，因為房主的信息是明的，但顧客的信息則通常是暗的，為什麼不選熟悉的仗來打，而去選未知的呢？近 10 萬的售房提成就這麼「飛」

了。

　　在從事銷售的過程中，有時會遇到顧客的出價在底價或成本價之下，大部份銷售人員的態度是：不賣！

　　正確的做法是，你不能把話講得這麼硬，先穩住陣腳，靜觀其變。

　　銷售高手都知道，在銷售當中，你讓客戶思考的時間越久，他們的決定就越有彈性。他們現在出的價位是這個數，不意味著 30 分鐘之後還是這個數，一個小時後可能又變成了其他數。一切都會變，需要用有效的手段控制風險。

　　「十鳥在林，不如一鳥在手」，銷售當中為了獲得更多利潤，就應在買主出價後（假設在底價之上），立即「討價還價」，結案成交。記住，行銷的機會總是稍縱即逝的。

心得欄

11 誘導客戶主動成交

　　掌握主動權是製造成交機會、有效運用成交策略的必要條件之一。銷售員如果掌握了洽談的主動權，按照事先制定的計劃開展洽談，就可以較容易地獲得成交機會，更有效地運用成交策略。

　　掌握洽談的主動權要求銷售員首先在規劃洽談階段做好充分的準備，制定一個完善的洽談計劃；其次，運用各種方法引導洽談按既定的軌道前進；最後，不要把掌握主動權理解為操縱與控制客戶。銷售員應當鼓勵客戶表達自己的觀點與要求，然後透過對客戶的觀點、要求作出恰當的反應來掌握主動權。

　　先提供信息就是向客戶介紹產品的特徵和利益或者向客戶說明成交條件。後提出問題則是指就產品或成交條件，詢問客戶的看法。當客戶的觀點與銷售員一致時，銷售員可以繼續後邊的介紹或說明，如果不一致，則要重新討論，直至雙方都能接受。

　　誘導客戶主動成交，即設法使客戶主動採取購買行動，這是成交的一項基本策略。如果客戶主動提出購買，說明銷售員的銷售工作十分奏效，也意味著客戶對產品及交易條件非常滿意，以致客戶認為沒有必要再討價還價。因而成交非常順利。所以，在銷售過程中，銷售員應盡可能誘導客戶主動購買產品，這樣可以減少成交的阻力。

　　銷售員要努力使客戶覺得成交是自己的意願，而非被強迫。通常，人都是喜歡按照自己的意願行事。由於自我意識的作用，對於他人的意見總會下意識地產生「排斥」心理，儘管別人的意見是正確的，也不樂意接受，即使接受了，心裏也會感到不暢快。因此，銷售員在說服客戶採取購買行動時，一定要讓客戶覺得這個決定是他自己的主意。這樣，在成交的時候，客戶的心情就會十分舒暢輕鬆，甚至為自己做了一筆合算的買賣而自豪。

心得欄 _____

_____

_____

_____

_____

_____

12 直接發問法

直接發問法是指在適當時機直接向客戶提出成交的方法，是一種最簡單、最基本的技巧。採取直接發問法可以有效地促使客戶作出購買反應，達成交易；可以節省銷售的時間，提高銷售效率；可以充分利用各種成交機會，有效地促成交易；可以直接發揮靈活機動精神，消除客戶的心理疑慮。正是其特有的優越性，使其成為用途廣泛的成交方法。使用這種成交技巧，需要在不同的場合針對不同的客戶，一般情況下，以下幾種情況可採用此技巧：

比較熟悉的老客戶；

客戶透過語言或身體發出了成交信號；

客戶在聽完銷售建議後未發表異議且無發表異議的意向；

客戶對銷售品產生好感，已有購買意向，但不願提議成交；

銷售員處理客戶重大異議後。

直接發問法的使用也有一定的局限性：一方面，因語言過於直接外露，容易引起部份客戶的反感，導致客戶拒絕交易；另一方面，由於其使用條件是以銷售員的主觀判斷為標準，一旦把握失控，就會使客戶認為銷售員在給他施加壓力，導致客戶下意識地抵制交易。

13 優惠成交法

　　優惠成交法是透過為客戶提供優惠條件吸引客戶購買產品的成交法。它是利用客戶的求利心理達到目的的，是遵循留有餘地的策略展開成交促進銷售的。

　　使用這種方法便於發展購銷雙方關係，招攬大批客戶，有效地促成交易，但也應當看到，該法是建立在客戶的求利心理基礎之上的，長期使用必然助長客戶對優惠條件的更進一步要求，從而失去方法本身的激勵作用。

　　另外，這種成交法的運用需要和經濟核算緊密結合，而優惠費用則必然由企業或客戶一方或雙方承擔，特別是在薄利多銷難以達到預期效果的時候，容易在客戶心目中造成優惠成本轉嫁的假像，從而也會影響使用該方法的效果。

14 好奇成交法

好奇推銷技巧是指銷售人員利用客戶的好奇心理，促使對方立即作出購買決定的方法。由於人的消費行為既是一種個人行為，又是一種社會行為，既受個人購買動機的支配，又受社會購買環境的制約，個人認識水準的有限性與社會環境的壓力是從眾心理產生的根本原因。因此，客戶會把大多數人的行為作為自己行為的參照。好奇心理就是利用人們的這一心理創造出一種眾人爭相購買的社會風氣，以減輕其購買風險心理，促使其迅速作出購買決定。

一個新來的推銷員在工作的第一個月向經理解釋其為什麼業績不佳。他說：「經理，我能把馬引到水邊，但是沒辦法讓它每次都喝水。」

「讓他們喝水？」銷售經理急了，「讓客戶喝水不是你的事，你的任務是讓他們覺得渴！」

在上面戲劇性的一幕中，銷售經理的觀點非常鮮明。推銷員的工作不是讓客戶購買，而是激發客戶的興趣，這樣客戶就會想更多地瞭解推銷員提供的產品或服務。

成功吸引客戶參與有效銷售的關鍵在於激發客戶的好奇心。懷有好奇心的客戶會選擇參與，反之則不然。

當某商店門口排了一條長隊時，路過的人也容易隨之加入排隊

的行列。因為從眾心理常表現為：既然有那麼多的人在排隊，就一定有利可圖，不能錯失良機。如此一來，排隊的人會絡繹不絕，隊伍越來越長，而在這條隊伍中，多數人可能並沒有明確的購買動機，只是在相互影響，相互征服。

　　既然客戶有這種愛好，推銷員就可以營造這一氣氛，讓人們排起隊來。當然，隊伍不一定是有形的，還可以是心理上的無形隊伍。例如，推銷員說：「小姐，這是今年最流行的時裝，和您年齡相仿的人都喜歡。」再如，「這種熱水器很暢銷，您看這是一些用戶訂單，有東北的也有華北的、有城鎮的也有鄉村的。」這就是利用了客戶的好奇動機，在客戶心裏排起了一條長長的隊伍，使那滾滾的購買人流激蕩在客戶的心裏，讓客戶覺得只有隨大流，趕快購買才是唯一的機會。

心得欄 _____

_____

_____

_____

_____

_____

15 選擇成交法

選擇成交法，有時也叫做「以二擇一」法，是銷售員在假定客戶一定會買的基礎上為客戶提供兩種購買選擇方案，並要求客戶選擇一種的成交方法，即先假定成交，後選擇成交。

選擇成交法的具體方法是，在問題中提出兩種選擇（例如規格大小、色澤、數量、送貨日期、收款方法等）讓客戶任意選擇。當銷售員觀察到客戶有購買意向的時候，應立即抓住時機，用選擇法與客戶對話，如「這套衣服您是要白色的呢，還是黑色的？」還有「我們禮拜二發貨還是禮拜三？」「付款你看是透過網銀，還是支付寶？」這都是選擇成交法。

選擇成交法適用的前提是：客戶不是在買與不買之間作出選擇，而是在產品屬性方面作出選擇，諸如產品價格、規格、性能、服務要求、訂貨數量、送貨方式、時間、地點等都可作為選擇成交的提示內容。這種方法表面上是把成交主動權讓給了客戶，而實際只是把成交的選擇權交給了客戶，無論其怎樣選擇都能成交，並能充分激發客戶決策的積極性，較快地促成交易。

使用選擇成交法，首先要看準客戶的成交信號，針對客戶的購買動機和意向找準推銷要點，並把選擇的範圍局限在成交的範圍內。

喬治是汽車保險推銷員，有一次，喬治去訪問一家五金店的老闆，目的是銷售保險業務。聽完喬治的自我介紹後，兩人進行了如下的對話：

「保險是很好的，只要我的儲蓄期滿即可投保，20萬元、30萬元是沒有問題的。」其實，老闆是決心未定，準備溜之大吉，他只是應付銷售員。

「您的儲蓄什麼時候到期？」喬治採取迂迴戰術，順藤摸瓜，緊緊抓住老闆的話不放鬆。

「明年2月。」還有差不多1年的時間，喬治心想，這是真的嗎？

「雖然說好像還有好幾個月，那也是一眨眼的工夫，很快就會到期的，我相信，到時您一定會投保的。」喬治給五金店老闆先吃定心丸。

「既然明年2月才能投保，我們不妨現在就開始準備，反正光陰似箭，很快就會過去了。」喬治說完，就拿出投保申請書來，一邊讀著客戶的名片，一邊把客戶的大名、位址一一填入。客戶雖然想制止，但喬治不停筆，還說：「反正是明年的事，現在寫寫又何妨。」

「您的身份證可借我抄一下號碼嗎？反正是早晚都得辦的事。」喬治不給對方說話的機會。

「保險金您喜歡按月繳呢，還是喜歡按季繳？」喬治利用選擇法問。

「按月繳比較好。」喬治在申請書上填好。

269

「那麼受益人該怎樣填寫呢？除了您本人外，要指定公子，還是太太？」喬治利用選擇法追著問五金店老闆。

「妻子。」

喬治又試探性地問道：「您方才好像講到 30 萬？」喬治作出填寫的樣子，但這時千萬要注意，沒等對方明確答覆時，絕不能想當然地填寫，那樣就要弄巧成拙了。

「不，不，不，不能那麼多，8 萬就行了。」五金店老闆說。

「以您的財力，本可投保 40 萬……現在只照您的意思，8 萬……」

「20 萬好了。」五金店老闆說。

「3 個月後我們派人到府上收第二季的保險金。」

「喔！那不是今天就要交第一次的嗎？」五金店老闆說。

「是的。」

於是客戶也不說明年投保的事了，當即交了保險金喬治開好收據，互道再見。

喬治終於把一件沒影的生意談成了。

他使用的就是半推半就的選擇成交法，一步步地把客戶由明年拉回到今天成交。選擇成交法的要點就是使客戶迴避要還是不要的問題。

運用選擇成交法的注意事項：銷售員所提供的選擇事項應讓客戶從中作出一種肯定的回答，而不要給客戶拒絕的機會。向客戶提出選擇時，儘量避免向客戶提出太多的方案，最好的方案就是兩

項，最多不要超過三項，多了會使客戶舉棋不定，拖延時間，降低成交幾率。此外，銷售員要當好參謀，協助決策，否則就不能夠達到儘快成交的目的。

選擇成交法的優點是可以減輕客戶的心理壓力，製造良好的成交氣氛。從表面上看來，選擇成交法似乎把成交的主動權交給了客戶，而事實上就是讓客戶在一定的範圍內進行選擇，可以有效地促成交易，同時避免了客戶說「不」等否定詞，影響溝通與交流，因為只要「不」字一說出口，就比較難以改變成「好」。

方法是技巧，方法是捷徑，但使用方法的人必須做到熟能生巧。這就要求銷售員在日常推銷過程中有意識地利用這些方法，進行現場操練，達到「條件反射」的效果。當客戶疑義是什麼情況時，銷售員應做到大腦不需要思考，應對方法就脫口而出。到那時，在客戶的心中才真正是「除了成交，別無選擇」！

心得欄 _____

_____

_____

_____

_____

_____

16 利用顧客的虛榮心理

　　電風扇生產廠家，其產品由於成本低，價格相對比較便宜，但銷路並不樂觀。為了促進產品銷售，他們與銷售商共同想出一個辦法：把產品的零售價提高到有關部門核定的標準，現價改為「優惠價」，發「優惠卡」，憑卡供應。不久，在消費者中形成了「價格優惠，機會難得」的印象，從而使電風扇銷量大幅度提高。

　　這種方法是用較高的標準來滿足消費者的虛榮心，用較低的「優惠價」滿足消費者的實際購買心理。不但消費者購買後得到了雙重心理滿足，也使此產品的銷售形成了一種勢力，銷售量自然增加了。這種方法利用了客戶虛榮心理，也是許多銷售者慣用的一種策略。

　　這種心理的客戶以經濟收入較低者為多，喜歡對同類商品之間的價格差異進行仔細的比較，還喜歡選購折價或處理商品，他們對一些稍有殘損而減價出售的商品一般都比較感興趣，只要價格有利，必先購為快。當然，具有這種心理動機的人也有經濟收入較高而節約成習慣的人。

17 促使客戶作出最後的購買決定

在現實中，我們發現有很多膽怯的業務員，在接近客戶、說服客戶的流程中都做得很好，可就是成交不了。原因是什麼呢？因為他不敢催促客戶，或者說，不懂得採用幫客戶下定最後購買決心的成交技巧。

與客戶溝通的最後階段，也正是你幫助客戶下決心的時候。但在這個時候，很多人都是不敢催促客戶成交的。其實只要你感覺銷售工作已經進入了這個階段，那麼就馬上去用催促性的提問，促使交易的達成，要不然對方還會再繼續觀望。

那麼，在客戶將要決定購買之際，推銷員如何去促使他們作出最後的購買決定呢？是單刀直入，直接催促他掏錢嗎？當然不是，這需要一些相對委婉的方法。

下面是一些常見的行之有效的方法：

(1)徵詢意見法

有些時候我們並不能肯定是否該向客戶徵求訂單了，而且也不敢肯定是否正確地捕捉到了客戶的購買信號。在這些情況下，最好能夠使用徵求意見的方法，你可以這樣問：

「買了這本書對你的工作是很有幫助的，不是嗎？」

「在你看來這些書會對你的公司有好處嗎？」

273

「如果買了這些書,一定對你的孩子學習有很大幫助吧?」

這種方式能讓你去探測一下「水的深淺」,並且可以在一個沒有壓力的環境下,徵求客戶的訂單。當然,如果你能得到一個肯定的答覆,那你也就可以填寫訂單了,你再也不必重新囉唆怎樣成交了。像其他任何領域內的銷售一樣,你說得越多,越可能有失去訂單的風險。

(2)從較小的問題著手法

從較小的問題著手來結束談判是指請你的客戶作出一個較小的決定,而不是一下子就要作出什麼重要的決定,例如讓他們回答「你準備訂貨嗎?」之類的問題。一般來說,這些試探或許會有助於推銷。你所提的問題應該是:

「你看那一種比較好?」

「你看是你帶走,還是我們給你送到府上?」

「我幫你拿到櫃台去好嗎?」

「如果您買了的話⋯⋯」

「讓我們把貨送到您家?並且⋯⋯」

(3)選擇法

用以下的提問方法給你的客戶以選擇的餘地──其中無論那一個選擇都表明他們同意購買你的產品或服務。你可以讓他進行一步小的選擇:

「要這一種還是要那一種?」

或者:「你決定要那一種產品?」

「是付現金還是賒購?」

(4)敦促法

你可以暗示商品非常暢銷，如果客戶不及時購買的話，將會失之交臂。

「趙先生，這種產品的銷售情況非常好，如果你不馬上要的話，我就不能保證在你需要的時候一定有貨。」

同時把訂貨單遞過去。如他對商品確實有興趣，就會填上一些欄目，那麼推銷也就成功了。

(5)懸念法

如果條件許可，又確實是這樣的，你就可以向對方表明現在購買的好處：

「這個月可能要漲價。」

「這種型號的只有一件了。」

「孫先生，價格隨時都會上漲，如果你現在行動的話，我將保證這批訂貨仍按目前的價格來收費。」

心得欄 ------------------------------

附　錄
測　驗　題

　　透過一系列的測驗題，可瞭解銷售人員的銷售實力，瞭解各級銷售人員的溝通能力狀況，如何提高勸購能力，情緒控制能力狀況，等等，為實施管理、培訓提供建議。

1 銷售人員是否有給客戶留下良好的第一印象

一、目的

　　本工具幫助銷售人員瞭解自己在銷售活動中，給人留下的「第一印象」如何，並且進一步瞭解怎樣才能給人留下良好的「第一印象」，怎樣才能改變自己在別人心目中不良的「第一印象」，如何才能改變自己對別人不良的「第一印象」，以利於提高自己的人際交

往水準。

　　廣泛適用於任何打算從事銷售工作的人員，本測驗可以為他們提供如何給顧客留下良好的第一印象方面的分析與建議，對個體是否適合做出初步的判斷。

　　適用於對全體銷售人員的集體施測，可瞭解各級銷售人員的人際交往能力，為實施有效管理、培訓提供建議和依據。

　　本問卷由 30 道題目組成，每道題目都與銷售人員給顧客的「第一印象」有關。請仔細閱讀下面的題目，然後根據自己的實際情況，實事求是地迅速做出判斷，並且分別用「2」、「1」和「0」表明自己的觀點，將其寫在右邊的「得分」欄中。其中「2」表示「是」，「1」表示「不一定」，「0」表示「否」。請不要在某題上考慮太長時間，也不要遺漏題目。

心得欄 ----------------------------------

二、測驗題

序號	題目	得分
1	第一次同顧客見面時，你是否對顧客做出一副感興趣的表情？	
2	第一次會見顧客前，你是否考慮以怎樣的形象出現？	
3	你是否總是需要把第一次見面的顧客的名字寫下來，以免忘記？	
4	你是否總是很準時地去見自己約好的顧客？	
5	第一次同顧客見面，你是否總是在認真地聽？	
6	你的穿著打扮是否總是很得體的？	
7	第一次同顧客見面，你是否特別注意坐姿、話語等？	
8	你會見新顧客是否比會見老顧客多費許多腦力？	
9	一般你在受到邀請時，是否要刻意打扮一番？	
10	一般你在受到邀請時，是否和大多數人穿得不一樣？	
11	第一次同顧客見面，遇到一個令人厭倦的人在講述一個很沒意思的故事，你是否假裝很感興趣？	
12	第一次同顧客見面，遇到一個說話囉嗦的人，你是否會很耐心地聽他講話？	
13	第一次同顧客見面，你是否會特別地謹言慎行？	
14	不管參加什麼樣的活動，你是否總是給人留下良好的第一印象？	
15	參加銷售活動時你是否總是出奇招吸引顧客的注意？	
16	在與顧客進行重要談話的時候，你是否會盯著顧客的眼睛並不斷地點頭以示對他的意見贊同？	
17	同顧客見面，你是否總是先開口說話？	

續表

18	在與顧客進行談話的時候，你是否會非常注意說話的方式和語氣？	
19	如果在顧客的辦公室同顧客見面，你是否在談完業務後及時離開，以免影響顧客的工作？	
20	你是否講話很幽默？	
21	你是否博覽群書，見多識廣？	
22	你說話是否善於引經據典，以示自己有豐富的知識？	
23	同別人見面你是否很注意禮貌用語？	
24	第一次約見顧客，你是否會注意選擇一個給人留下深刻印象的場所？	
25	第一次約見顧客前，你是否會事先透過各種管道瞭解顧客的有關情況？	
26	你是否針對顧客不同的特點採取不同的見面方式和地點？	
27	你是否會精心策劃與顧客的第一次見面？	
28	第一次見面，你是否會首先給顧客呈上你精美的名片？	
29	第一次見面後你是否會再找個適當的機會給顧客打電話？	
30	第一次會見顧客時.你是否有時會找朋友引薦？	

三、計分辦法

將所有30個題目的得分加起來就是你本測驗的得分。

得分	評價
51～60分	你是一個優秀的銷售人員，你很注意自己的儀表與語言表達，第一次見面就能夠給顧客留下深刻的印象；你會在同顧客會面之前作充分的準備，你會透過一些合適的方式方法使自己在顧客的頭腦中留下深刻的第一印象。顧客透過第一印象的良好感覺，一定會同你合作愉快。你的銷售業務也會因為顧客對你的「第一印象」而得到發展。
36～50分	你是一個合格的銷售人員，有較強的人際交往的能力。大多數情況下能夠給顧客留下良好的第一印象；你會策劃每一次與顧客見面的方式方法：你會在見面時禮貌待人，注意講話的語氣語調。但相比之下，你有時會有一些失誤，給自己造成一些不良的影響。你還需努力克服自己存在的一些弱點。
36分以下	大多數情況下，你不能給顧客留下良好的第一印象。你或者不注意儀表，或者不注意講話的方式，或者在同顧客見面時準備不充分，總之你需要對自己進行透徹的分析，找出不能給顧客留下好印象的癥結所在，努力改進自己的銷售行為。

2 你具備銷售人才的潛力嗎

一、目的

本測驗是考察潛在銷售能力。透過測量分析，考察是否適合做銷售工作做出一個較為客觀的評價，可以為甄選銷售人才提供有益的參考，幫助企業管理者瞭解員工的銷售潛力，為合理安排工作發揮個人特長提供必要的參考。

每道題目陳述一個觀點，應試者根據他對此觀點的同意與否做出選擇。測驗由 20 道題目組成。

測驗時間約為 15 分鐘，要求應試者憑直覺作答，不用過多考慮。

這是一份關於個人觀點的測驗調查，下列每一句陳述是否與您的行為或想法一致，請用「1」、「2」、「3」表明您的觀點，「1」表示「不符合」，「2」表示「基本符合」，「3」表示「非常符合」。請儘快回答，不要遺漏。

二、測驗題

序號	題目	標誌
1	在銷售產品時，總是本著節約的精神，花最少的錢辦最多的事。	
2	有鑑別產品的能力和天賦，只要稍加接觸就能對產品的品質、性能有一個較客觀的評價。	
3	做事講信譽、負責任，注重長遠利益。	
4	說話辦事從實際出發，腳踏實地。	
5	善於瞭解市場行情，對本行業的產品種類、品質狀況有客觀的認識。	
6	做事小心謹慎，考慮問題全面，從不草率地做出決定。	
7	穿著打扮得體，給人以精明和可信任的感覺。	
8	喜歡東跑西顛、到處奔波，喜歡同各種各樣的人打交道。	
9	有較強的數學運算能力，一般不會因計算失誤而掉進對方的價格陷阱。	
10	很善於買賣東西，總能夠於討價還價中看出對方的心思，並最終以自己滿意的價格完成交易。	
11	善於用各種社交手段接近想利用的人，然後抓住對方弱點完成自己的銷售任務。	
12	有很強的語言表達能力，能夠將自己的意圖真實恰當地表達出來。	
13	懂得用不同的方法與不同的人打交道，方法多變且堅忍不拔。	
14	有較強的人際交往能力，不管是什麼行業、什麼性格的人都能跟他們談上半天。	
15	善於銷售，當一個人的需求被激發起來以後，能夠抓住時機把想銷售的東西銷售出去。	
16	求人辦事時，非常有耐心，不管對方態度多麼惡劣都能保持彬彬有禮，耐心說服。	
17	善於分析和觀察別人，和一個人接觸交談，短時間內就能把握對方的需要，並適當地滿足他。	
18	性格外向，在公共場所熱情大放、從容自若、應付自如。	
19	有一定的預測能力，大部份情況下能夠對事物的後一步發展作出正確的估計。	
20	身體健康，即使長時間到處奔波也能始終保持旺盛的精力。	

三、計分規則

本測驗題目全部為正向計分題目，即選擇「1」記 1 分，選擇「2」記 2 分，選擇「3」記 3 分。合計後的總分即為測試者的銷售潛力得分。

不同的人，能力各不相同。銷售潛力也是一樣，分數的高低反映了銷售人員工作潛力的差距。下表是對測驗不同得分的評價。

得分	評價
51～60	有很強的銷售潛力，是銷售工作的合適人選。做事講信譽、負責任，注重長遠利益。穿著打扮得體，說話辦事討人喜歡。善於同各種各樣的人打交道，有很強的人際交往能力，考慮問題全面，善於買賣東西，總能夠於討價還價中看出對方的心思，並最終以自己滿意的價格完成交易。
36～50	銷售潛力較強，經過培養和鍛鍊會成為一名合格的銷售人員。只是目前還存在一些不適合銷售的地方，只要將不足的地方加以改進，有意識地參與銷售實踐，積累銷售經驗，一定能夠成為一位優秀的銷售人員。
36分以下	不適合做銷售工作。這個分值的人，或者不善於人際交往，或者語言表達能力較差，或者沒有說服別人的辦法，總之適合做銷售工作的特點不多。因此，建議去幹更適合自己的其他工作。

3 你的銷售實力如何

一、目的

本測驗考察銷售人員目前的銷售實力。透過評估銷售人員的目前銷售實力，有助於銷售人員有效認識自我，評估自己的職業發展前景。透過對組織全體銷售人員的集體施測，為組織的診斷、管理、建設提供有益的參考。

本測驗就是考察銷售人員的銷售實力，並為如何提高銷售實力做出必要的指導。

1. 廣泛適用於任何正在從事銷售工作的管理人員和員工，本測驗可以為診斷自己的銷售實力提供幫助。

2. 適用於全體人員的集體施測，可瞭解各級銷售管理者和員工當前銷售實力狀況，為實施有效管理、培訓提供建議和依據。

下面表格中每道題目陳述一個觀點，應試者根據自己的實際情況據實做出回答。測驗由 50 道題目組成。

測驗時間約為 15 分鐘，要求應試者憑直覺作答，不用過多考慮。

這是一份關於銷售人員當前銷售實力的測驗調查。下列每一句陳述是否與您的行為或想法一致，請用「是」或「否」做出回答，請儘快回答，不要遺漏。

二、測驗題

1	只要有時間，我便會讀一些有關銷售的專業書籍。
2	對於公司、客戶及我自己希望如何行銷，我有一個自己的清晰的看法和評價。
3	我熱愛自己的工作。
4	我的同事經常向我詢問一些有關銷售的信息。
5	我發現有時自己會在工作之時哼哼唱唱。
6	我每天都帶著無比亢奮的情緒上班。
7	在公司的行銷會上，經理經常讓我為員工講行銷知識。
8	我始終認為我的工作是在為客戶服務。
9	我每天都很活躍，精力充沛。
10	公司領導時常就我們公司銷售的產品徵求我的意見。
11	我總是想把自己的行銷過程做得完美無缺。
12	我時刻都在關注著我正在合作的客戶的情況。
13	對於公司的有關制度我瞭若指掌。
14	對於如何提高自己的行銷業績，我有自己的辦法。
15	對我的客戶的名字我都能叫得出來，且對他們印象深刻。
16	我非常熟悉與我往來的客戶的信息及他們最近購買的商品的數量。
17	我覺得有時顧客購買我的產品是因為他們喜歡我、信任我。
18	對於一些老客戶的家庭情況我非常清楚，如生日、孩子姓名及其他情況。
19	對於我的競爭對手的情況，我非常熟悉。
20	我有時覺得如果公司的有些規章稍加改變，我的銷售額還會有所增加。

21	對近期的銷售成績我會記得很清楚。
22	我熟悉我銷售的產品的性能。
23	我有一批思想與我一致，與我相處融洽的顧客。
24	我的銷售方法靈活多樣，會針對不同客戶採取不同的銷售方法。
25	有時我會收到我曾經幫助過的客戶發來的感謝信。
26	我會為的銷售制定一個具體的計劃和目標。
27	我進行銷售演示，會有許多新穎的方法。
28	對於我每個月的銷售情況，我非常清楚。
29	我覺得我能從與客戶交流的過程中學到許多知識。
30	我會對我的大腦及其運動規律進行研究。
31	我有過準確判斷客戶需求的經歷。
32	在公司的銷售人員中，我的業績算是名列前茅的。
33	我對我的客戶的長相和姓名記憶深刻。
34	對於客戶說過的話，我會儘量記住。
35	我經常給我熟悉的客戶打電話聯絡感情。
36	有時老顧客再度光臨時會點名要我服務。
37	我覺得現在的職位很適合我。
38	我覺得現在我的貢獻與我所獲報酬基本相當。
39	在行銷對話中我一般會說實話。
40	我覺得目前的工作狀況及腦力潛能的發揮自己還是滿意的。
41	我對自己所銷售的商品和服務非常熟悉。

42	我覺得我有能力使自己的夢想變成現實。
43	我認為成功的銷售員享有很高的社會評價。
44	我的銷售演示總能給人留下深刻的印象。
45	我每天都能用新穎別致的方式來進行銷售演示。
46	我能夠弄清溝通的本質及其對銷售結果的影響。
47	我信任我正在銷售的產品或服務。
48	我認為自己對對手的產品和服務還是比較瞭解的，並能將這些瞭解用於自己的銷售中。
49	我總是想用一種全新的方法來營造我的客戶和事業基礎。
50	我的體能與心理素質比較適合做銷售人員。

三、計分規則

本測驗答「是」得 1 分，答「否」得 2 分，根據銷售實力項目與題號對照表，將測驗題目歸類，然後計算本項目實際得分。

銷售實力項目與題號對照表

銷售知識水準	1、4、7、10、13、16、19、22、25、28
銷售能力	2、5、8、11、14、17、20、23、26、29、31、33、35、37、39、41、43、45、47、49
銷售優勢	3、6、9、12、15、18、21、24、27、30、32、34、36、38、40、42、44、46、48、50

四、測驗分數的解釋

銷售知識 水準	共有 10 個測試題，共 10 分。如果你得到 8 分以上，那麼你在自己所負責銷售的產品或服務方面就稱得上是專家了。你注意學習並掌握了大量的與銷售有關的知識，你運用這些知識去開展銷售工作並卓有成效；對於所銷售產品的性能你瞭若指掌，對於自己的銷售情況能夠清楚地知道。分值越低說明你的銷售知識水準越差。
銷售能力	測試這一方面共有20個題，共20分。假如你的得分是17分以上，說明你目前的銷售能力很強，你正逐漸成長為超級銷售員。如果你的得分少於17分，說明你的銷售能力還有待提高。分值越低，反映出你的銷售能力越差。
銷售優勢	測試這一方面共有20個題，共20分。假如你的得分是17分以上，說明你的銷售優勢明顯，你有很好的銷售業績，有很高的銷售聲譽。客戶信任你，公司領導讚賞你。如果你的得分在17分以下，說明你的銷售優勢與優秀的銷售人員相比還存在差距，分數越低說明差距越大。

心得欄 -

- -

- -

- -

- -

- -

你有否掌握專業化銷售技巧

一、目的

本測驗考察銷售人員的專業化銷售技巧和水準。透過評估銷售人員的專業化銷售水準，有助於管理者有效瞭解員工，評估銷售人員的職業發展前景，從而為診斷、管理、建設提供有益的參考。

廣泛適用於任何想瞭解自己專業化銷售水準的銷售人員，本測驗可以為他們提供專業化銷售方面的分析與建議，對個體是否適合做出初步的判斷。

適用於對組織全體管理人員的集體施測，為實施有效管理、培訓提供建議和依據。

每道題目陳述一個觀點，應試者根據他對此觀點的同意與否做出選擇。測驗由 33 道題目組成。

測驗時間約為 15 分鐘，要求應試者憑直覺作答，不用過多考慮。

這是一份關於個人觀點的測驗調查。下列每一句陳述是否與您的行為或想法一致，請用「A」、「B」和「C」表明您的觀點，「A」表示「否」，「B」表示「不確定」，「C」表示「是」。請儘快回答，不要遺漏。

二、測驗題

1	總是用眼睛注視顧客並保持微笑，以友好的方式問候顧客。	
2	無法提供很棒的價值、福利或服務，只是毫無理由地發著「買我們貨」的呼籲。	
3	與顧客開始對話，能夠顯示自己可以提供幫助。	
4	不能謹慎地打造一個清晰、強力、令人愉悅的獨特賣點。	
5	透過眼神接觸，做出傾聽示意等非語言姿態，表示自己在傾聽顧客的講話。	
6	能夠簡明扼要地向客戶展露你的獨特賣點本質。	
7	善於運用顧客能夠理解的語言，不採用行話和術語。	
8	能將自己的獨特賣點與市場行銷理論結合在一起，以加強自己的獨特賣點。	
9	能重覆顧客提出的關鍵看法，以檢驗自己的理解是否準確。	
10	善於根據競爭對手的獨特優點，列出自己的改進方法，從而強化自己的獨特賣點。	
11	能使描述產品的特性，與顧客的需求相匹配。	
12	將自己的優勢按重要性進行排序，並給予足夠的重視和繼續強化。	
13	擅長透過合適的方式強調產品優點，以打消顧客的疑慮。	
14	誠實坦率地對待自己的劣勢，並積極地改進這些行為。	
15	善於製造一個銷售附加產品的機會並向顧客銷售它的優點。	
16	如何使用戰略定價和捆綁策略來完成與重要客戶的首次交易。	

續表

17	能夠用積極的話語結束交易，並且始終使顧客滿意。	
18	能夠站在公司定價的立場直截了當、誠實坦率地回答價格問題。	
19	透過施加高壓，強迫顧客購買他不想購買的商品。	
20	在承諾花大量時間和精力來進行方案開發之前，首先從客戶那裏得到相關的信息。	
21	僅僅是將專業化銷售看作一份「工作」，而不是一種「事業」。	
22	從不會被銷售過程中的各種突發事件弄得心煩意亂。	
23	能透過各種途徑，有效地克服目標客戶中普遍存在的拒絕改變。	
24	把尋找潛在客戶的工作看成是日常銷售活動中最重要的工作。	
25	擅長運用各種銷售技巧，並使其在銷售工作中發揮作用。	
26	能根據顧客的需要、理解水準準備有關產品促銷資料，並詳細介紹產品使用方法。	
27	能夠在潛在客戶或老客戶中，發展超越競爭者的獨特賣點。	
28	過分著重自己的前途，而忽略了有效管理潛在客戶的重要性。	
29	在客戶及僱主的心目中，能夠建立一個較競爭者巨大而能認知的優勢。	
30	非常依賴工作團隊中的其他銷售員工。	
31	提供各種有力又獨特的好處來吸引客戶，拉近與客戶的距離。	
32	能夠獨立完成所有的工作和清除所有不確定的因素。	
33	從不倉促行事，做事之前總是虛懸以待，全面考慮之後才做出決定。	

三、計分規則

本測驗採用如下方法計分，對於第 2、4、19、21、28、30 題選擇「A」記 3 分，選擇「B」記 2 分，選擇「C」記 1 分。其餘題目選擇「C」記 3 分，選擇「B」記 2 分，選擇「A」記 1 分。將所有 33 個題目得分加起來就是你本測驗得分。

依據測驗得分，根據下表對自己的專業化銷售能力進行評價。

專業化銷售能力評價表

得分	評價
86～100分	專業化銷售能力強，主要表現在： ⑴積極傾聽顧客的講話。與顧客交往的過程中，表現出非語言的傾聽線索，例如眼神接觸，探身傾聽，做出傾聽示意等。 ⑵講顧客的語言。如運用顧客能夠理解的語言，不採用行話和術語。 ⑶總結顧客所說的以檢驗自己是否理解。如重覆顧客提出的關鍵看法等。 ⑷使產品的優點和顧客的需要相匹配。 ⑸有效處理顧客的疑義。透過強調產品優點打消顧客的疑慮。
60～85分	專業化銷售能力較強，在以上5個方面做得較好。但對專業化銷售的認識還有欠缺之處，很多方面還有待提高。
60分以下	這是一個不及格的分數。你需要對銷售工作重新認識。在以上5個方面做得很差。你需要經過培訓和學習努力提高對專業化銷售的認識，努力提高專業化銷售能力。

5 如何測評銷售員的溝通能力

一、目的

本測驗考察銷售人員的溝通技巧。透過評估銷售人員的溝通能力，有助於銷售人員有效認識自我，評估銷售人員的職業發展前景，從而提高銷售能力，為企業的診斷、管理、建設提供有益的參考。

廣泛適用於任何打算從事銷售工作的人，本測驗可以為他們提供提高溝通能力方面的分析與建議，對個體是否適合做出初步的判斷。

適用於對組織全體銷售人員的集體施測，可瞭解各級銷售人員的溝通能力狀況，為實施有效管理、培訓提供建議和依據。

每道題目陳述一個觀點，應試者根據他對此觀點的同意與否做出選擇。測驗由 40 道題目組成。根據你平時的實際做法和認識，運用從 A 到 E 五個字母在表中進行標註。A、B、C、D、E 五個字母所代表的意義分別是：A＝從不；B＝很少；C＝有時；D＝經常；E＝一直。

測驗時間約為 15 分鐘，要求應試者憑直覺作答，不用過多考慮。

二、測驗題

序號	題目	標記符號
1	你會讓顧客等待並且不告訴他什麼原因或不通知他多久以後才會接待他。	
2	你會根據你的同行中的成功者的形象來穿著打扮。	
3	當顧客打電話來時，你一般不會立即接電話。	
4	對銷售人員來說，運用例子是清楚地與客戶進行溝通的一種好方式。	
5	你經常跟有助於你業務增長的人溝通。	
6	你會早早回家，把工作留給下一次再做。	
7	你能努力尋找與顧客的共同之處並能輕易地與顧客建立良好的關係。	
8	你會多給潛在顧客打一個聯繫電話以幫助你在成功之路上前行。	
9	你經常不按約定時間給顧客送貨。	
10	你能及時地、充滿敬意地與顧客分享行動的結果。	
11	你經常出現貨物遞送錯誤。	
12	同顧客溝通過程中，你會力求弄清顧客所講的話意。	
13	你有時會給顧客遞送品質有缺陷的產品。	
14	你設法理解顧客的思想與行動，一如顧客所思所為，並表現出尊重顧客的觀念。	
15	你經常工作還沒有完成，就移交給顧客。	

16	你能使顧客改變主意，或者能向他們灌輸你的思想。	
17	你在處理文書資料時如果有顧客想見你，你會讓他等待一會兒。	
18	你能聚精會神地傾聽顧客對你講的話，並能經常點頭或用其他方法表示你正在聽顧客講話。	
19	你同顧客約會時經常遲到。	
20	同顧客溝通的方式有多種。	
21	你會將客戶視為最親密與最寶貴的朋友。	
22	客戶的沉默通常表示對溝通的理解和接受。	
23	你利用正確的溝通技巧，與客戶、同事和其他人保持良好的關係。	
24	你已經知道無法按時送貨，卻不及時通知顧客可能會出現的延遲。	
25	你的客戶都是你的老朋友，你跟他們有很深的交往。	
26	你約會顧客通常不給出確切的會面時間。	
27	客戶跟你做完生意之後，你會打電話詢問他們使用產品的感受。	
28	對於成功的銷售人員而言，有效的溝通是很重要的素質。	
29	你同顧客溝通時，很注意使用禮貌用語。	
30	詼諧幽默的語言可以加強溝通的效果。	
31	與顧客溝通時，你很注意語言的措辭方式。	

32	良好的溝通能力是銷售成功的保障。	
33	你總是努力讓週圍的人因為你的存在而感到開心和愉悅。	
34	你認為經常進行學習能夠提高自己的銷售能力。	
35	你對待客戶細緻而且有耐心。	
36	當與顧客溝通的過程中產生異議時，你能夠靈活地處理。	
37	你能夠透過客戶的衣著、裝扮、言行、舉止、氣質等去辨別他的身份、地位，甚至家庭背景等。	
38	當顧客談話時你會看著他的眼睛認真傾聽。	
39	你能夠有選擇地面對不同的客戶談論不同的話題。	
40	顧客很願意聽你談話。	

三、計分規則

本測驗的 40 個題目當中，第 1、3、6、9、11、13、15、17、19、22、24、26 題選 A 記 5 分，選 B、C、D、E 分別記 4、3、2、1 分；第 2、4、5、7、8、10、12、14、16、18、20、21、23、25、27、28、29、30、31、32、33、34、35、36、37、38、39、40 題，選 A 記 1 分；選 B、C、D、E 分別記 2、3、4、5 分。根據你答題時在表中所標符號，計算你本測驗的總分。該總分就是你本測驗的得分。你的分數會在 40～200 分之間。

依據測驗得分，對照下表進行個人溝通技巧評價。

銷售人員溝通技巧評價表

得分	評價
170～200分	你有很強的與顧客溝通的能力，你會利用各種溝通技巧與顧客進行溝通。你注重自己的裝飾打扮，不給顧客留下不好的印象；你會給顧客以購物的愉快感受；你和顧客廣泛交往，與他們成為密切的朋友；你在與顧客溝通時使用文明禮貌、幽默風趣的語言，使得溝通變得輕鬆愉快；你注重售後的訪問和服務。總之，你在與顧客的溝通方面做得非常優秀。
120～169分	你與顧客的溝通做得較好，基本能夠利用各種溝通技巧同顧客進行溝通。你比較注意衣著打扮，不給顧客帶來不良印象；你在文明禮貌、語言表達上也做得較好。但你還有很多方面需要努力，你離優秀還有一段距離。
120以下	這是一個不及格的分數，你不能運用各種溝通技巧與顧客溝通。你或者不注意服裝打扮，給顧客留下不良印象；或者在與顧客溝通時不注意方式方法和語言的運用，總之你有很多地方做得不夠，也許你不太適合做銷售工作。

6 如何測定銷售人員的勸購促銷能力

一、目的

本測驗考察銷售人員的勸購能力。透過銷售人員展示產品時的具體表現，對銷售人員的勸購能力進行評估。本測驗可以用於銷售人員勸購能力的自測，也可由銷售組織的管理者用於對員工的集體測評。透過對銷售人員勸購能力的測評，有助於對員工的勸購能力進行較為實際的評價，可為組織的人員任用、管理、建設提供有益的參考。

廣泛適用於任何從事銷售工作的人員，本測驗可以為他們提供勸購方面的分析與建議，對銷售人員提高勸購能力提供必要的指導。

適用於對組織全體管理人員的集體施測，可瞭解各級銷售人員的勸購能力狀況，為實施有效管理、培訓提供建議和依據。

下面是有關銷售人員勸購能力的 40 個問題，請應試者對每個問題用「是」或「否」做出回答。

測驗時間約為 15 分鐘，要求應試者根據自己的實際情況作答，不用過多考慮。

二、測驗題

1	你是否能夠刺激客戶產生購買的慾望？
2	如果你所售產品體積龐大，你是否會利用模型進行演示？
3	你是否能夠讓客戶產生足夠的信任度，認同產品或服務？
4	你對產品進行說明是否會選擇恰當的時機？
5	你是否熱愛自己銷售的產品或服務？
6	你在產品說明中是否會與客戶辯論？
7	你是否熟悉所賣產品的性能？
8	在對產品進行演示時你是否會揚長避短突出演示產品的優點？
9	你是否能夠對所售產品的市場狀況進行分析？
10	你演示產品時是否會選用客戶能聽得懂的語言？
11	你是否能夠明確告知顧客所售產品品質的鑑別方法？
12	你在勸購時是否會注意自己的語氣和用詞？
13	你是否熟悉所售產品的產品構成、操作維護方法？
14	你在勸購時是否說話很多、很快，讓客戶無法插言？
15	你對所售產品的關聯和替代產品是否熟悉？
16	你在勸購時是否委婉得體，讓客戶自己拿主意？
17	你對所售產品的庫存狀況和市場佔有率是否熟悉？
18	你在展示產品的過程中，會不動聲色地讚美客戶嗎？
19	你是否知道所售產品對客戶的吸引點？
20	在進行銷售時，你會巧妙地提供一個不完整的方案，給對方留下調整的餘地嗎？

21	你是否能夠找出所售產品的獨特優勢,並借此增加產品的吸引力?
22	你在做商品展示時,是否能讓大部份客戶產生購買慾望?
23	你是否能夠對同類產品進行比較,找出所售產品的獨特賣點?
24	你在做商品展示時,會非常注意客戶的反應嗎?
25	如果你所賣產品性能不是最好的,但物美價廉,你是否能從經濟實用的角度將產品賣出?
26	你在推介產品時是否會先談產品的價格?
27	你是否會面對有關競爭對手問題時顯得手足無措?
28	你會幫助客戶尋找購買的最佳理由嗎?
29	你是否會肆意貶低競爭對手的產品?
30	當產品演示遇到意外情況,你能處變不驚、隨機應變嗎?
31	你是否會從客戶的談話從中獲得一系列的需求信息?
32	你是否會利用發達的印刻技術和高超的攝影技術去展示自己的產品?
33	你在對產品進行演示時是否能夠有效地吸引客戶的注意?
34	你是否會利用筆記本電腦對產品進行精美的圖片展示?
35	你在進行產品解說時,是否能抓住產品的突出優點進行介紹?
36	你會利用多媒體技術進行產品展示嗎?
37	你是否能夠將所售產品給客戶帶來的利益分析清楚?
38	你是否會激發客戶的感覺器官如眼睛、鼻子、耳朵等去感受你的產品?
39	你是否能夠熟練利用構圖的方式將產品的功用介紹清楚?
40	你是否認為產品的說明書和客戶使用指南是產品銷售中一項重要內容?

三、計分規則

本測驗題目分兩部份計分，第 6、14、26、27、29 題答「否」計 2 分，答「是」計 0 分，其他題目答「是」計 2 分，答「否」計 0 分。根據答題情況計算總分。

依據你的測驗得分，對照下表探求客戶需求能力評價表對你的勸購能力進行評價。

探求客戶需求能力評價表

分值	評價
60～80分	你勸購的能力很強。你可以透過產品的有效展示，最終使客戶購買產品；你能夠從產品的展示中提煉產品的獨特優勢，借此增加產品的吸引力；能夠準確發現產品的獨特賣點，並激發客戶對賣點的關注和好感；在為客戶做展示或者在洽談過程中遇到意外情況，能夠沉著冷靜，機智靈活地化不利因素為有利因素。總之，你有很強的勸購能力，是一位優秀的銷售人員。
40～59分	作為銷售人員，你的勸購能力較強。大部份情況下，你可以透過產品的有效展示，最終使客戶購買產品；產品的獨特優勢你基本能夠透過介紹和產品展示告知客戶，並借此銷售產品；在為客戶做展示或者在洽談過程中，遇到意外情況，基本能夠應付過去。從勸購能力上看，你是一名合格的銷售人員，但不是優秀的銷售人員，你還需要努力學習，進一步提高。
40以下	這是一個比較差的成績，已經是不及格的分數。說明你的勸購能力較差。在銷售過程中，你不是找不到產品的賣點，就是演示產品時失誤，不能靈活處理銷售過程遇到的問題。如果你繼續從事銷售工作，需要經過系統的培訓和學習。

7 如何測評與提高銷售人員的情緒控制能力

一、目的

本測驗考察銷售人員的情緒控制能力。本測驗從銷售人員理解銷售目的的角度對銷售人員的情緒控制能力進行評估。有助於銷售人員有效認識自我，評估個體的職業發展前景，從而提高銷售能力。透過集體評測也可為組織的診斷、管理、建設及員工培訓提供有益的參考。

廣泛適用於任何打算從事銷售工作的人，本測驗可以為他們提供保持良好的情緒的分析與建議，對個體是否適合做出初步的判斷。

適用於對組織全體銷售人員的集體施測，可瞭解各級銷售人員的情緒控制能力狀況，為實施有效管理、培訓提供建議和依據。

每道題目陳述一個觀點，選出最能代表你目前的信念、局限或行為的分數。表中 A、B、C、D、E 代表的意義如下：「A」表示總是，無一例外；「B」表示絕大部份情況下；「C」表示多數情況下；「D」表示部份情況下；「E」表示偶爾。「1、2、3、4、5」代表分數。

302

二、測驗題

序號	題目	A	B	C	D	E
1	你認為銷售是派給別人的購買任務。	1	2	3	4	5
2	你認為銷售是在幫助別人實現他們的某種夙願。	5	4	3	2	1
3	你認為銷售就是為自己掙錢。	1	2	3	4	5
4	你認為銷售是對顧客和自己雙贏的事情。	5	4	3	2	1
5	你的情緒極易受到顧客態度的影響。	1	2	3	4	5
6	你能保持樂觀的心態，即使連續銷售不順也不會萎靡不振。	5	4	3	2	1
7	你打電話之前會猶豫半天，唯恐會遭到顧客的拒絕。	1	2	3	4	5
8	你打電話聯繫客戶之前從不擔心會遭到顧客的拒絕。	5	4	3	2	1
9	一旦遭到顧客的拒絕你便會精神不振。	1	2	3	4	5
10	即使遭到顧客的拒絕你也不會氣餒。	5	4	3	2	1
11	你總是被顧客的消極回應所左右，內心也產生消極的情緒。	1	2	3	4	5
12	顧客的消極情緒是他們自己的，與我無關。	5	4	3	2	1
13	如果銷售沒有成功，你會責怪自己的成交能力太差。	1	2	3	4	5
14	如果不能成交，你會認為是時機和方案不對。	5	4	3	2	1
15	你認為銷售成交的最大受益人只是你。	1	2	3	4	5
16	你認為顧客和你都是成交的受益人。	5	4	3	2	1
17	你把顧客的疑慮看做是他們可能不買的原因。	1	2	3	4	5

續表

18	你把顧客的疑慮看做是他們發生興趣的積極表現。	5	4	3	2	1
19	你往往會擔心顧客有疑慮或拒絕你，只看到他們的負面行為。	1	2	3	4	5
20	在解釋產品或服務時，你要求、歡迎顧客的提問或責難。	5	4	3	2	1
21	你總是擔心顧客不買你的東西或不喜歡你。	1	2	3	4	5
22	考察是否可以為顧客創造價值總是會令我感到激動。	5	4	3	2	1
23	聯繫顧客時你的主要目的是售出商品。	1	2	3	4	5
24	與他人聯繫時你的主要目的是理解他們的需求或目標。	5	4	3	2	1
25	你過分在乎自己是否能回答顧客的問題、解決他們的疑慮。	1	2	3	4	5
26	你工作的中心是傾聽並理解顧客。	5	4	3	2	1
27	你經常會擔心自己不能很好地與客戶溝通。	1	2	3	4	5
28	你對自己與顧客交流的技巧非常自信。	5	4	3	2	1
29	你會見顧客前會考慮客戶是否會喜歡或接受你。	1	2	3	4	5
30	你主要考慮的是理解顧客。	5	4	3	2	1

三、計分規則

計算出所有 30 個題目的總分即為你本測驗得分。

測驗得分與銷售人員情緒控制能力相關評價見下表。

銷售人員情緒控制能力評價表

得分	評價
120～150分	你有很強的情緒控制能力。在你看來，銷售的目的是在幫助客戶解決某些問題，銷售的不順利並不能給你帶來不良的情緒反應；銷售中你不畏挫折，不懼拒絕，始終保持飽滿的工作熱情。
90～119分	你的情緒控制能力較強，你並不把銷售活動看成是顧客在幫助你完成任務，相反你會看成是你在幫助客戶解決某一方面的問題。但在情緒控制方面尚需努力。
60～89分	對於自我成功的能力，懷著比較積極的心態。但有時可能控制不了自己的情緒，有畏懼銷售的情況出現。今後還應改變一些對自己的情緒不利的認識，提高控制情緒的能力。
30～59分	你對銷售的認識存在局限性。你可能認為銷售的成功是顧客對你的照顧或幫助，你害怕拒絕，不敢給顧客打電話，可能會害怕受到挫折。
30分以下	你在生活和銷售的諸多紛擾中掙扎。有時你很積極，有時你卻心生疑竇，只看到消能對銷售有一個正確的認識，你可能很難完成銷售任務。

臺灣的核心競爭力，就在這裏！

圖 書 出 版 目 錄

下列圖書是由臺灣的憲業企管顧問(集團)公司所出版，秉持專業立場，特別注重實務應用，50餘位顧問師為企業界提供最專業的各種經營管理類圖書。

1. 傳播書香社會，直接向本出版社購買，一律9折優惠，郵遞費用由本公司負擔。服務電話(02)27622241 (03)9310960 傳真(03)9310961
2. 付款方式：請將書款轉帳到我公司下列的銀行帳戶。
   - 銀行名稱：合作金庫銀行（敦南分行） 帳號：**5034-717-347447**
     公司名稱：憲業企管顧問有限公司
   - 郵局劃撥號碼：**18410591** 郵局劃撥戶名：憲業企管顧問公司
3. 圖書出版資料隨時更新，請見網站 www.bookstore99.com

經營顧問叢書

25	王永慶的經營管理	360元	122	熱愛工作	360元
47	營業部門推銷技巧	390元	125	部門經營計劃工作	360元
52	堅持一定成功	360元	129	邁克爾・波特的戰略智慧	360元
56	對準目標	360元	130	如何制定企業經營戰略	360元
60	寶潔品牌操作手冊	360元	132	有效解決問題的溝通技巧	360元
72	傳銷致富	360元	135	成敗關鍵的談判技巧	360元
76	如何打造企業贏利模式	360元	137	生產部門、行銷部門績效考核手冊	360元
78	財務經理手冊	360元			
79	財務診斷技巧	360元	139	行銷機能診斷	360元
85	生產管理制度化	360元	140	企業如何節流	360元
86	企劃管理制度化	360元	141	責任	360元
91	汽車販賣技巧大公開	360元	142	企業接棒人	360元
97	企業收款管理	360元	144	企業的外包操作管理	360元
100	幹部決定執行力	360元	146	主管階層績效考核手冊	360元
106	提升領導力培訓遊戲	360元	147	六步打造績效考核體系	360元
116	新產品開發與銷售	400元	148	六步打造培訓體系	360元

275	主管如何激勵部屬	360元
276	輕鬆擁有幽默口才	360元
277	各部門年度計劃工作（增訂二版）	360元
278	面試主考官工作實務	360元
279	總經理重點工作（增訂二版）	360元
282	如何提高市場佔有率（增訂二版）	360元
283	財務部流程規範化管理（增訂二版）	360元
284	時間管理手冊	360元
285	人事經理操作手冊（增訂二版）	360元
286	贏得競爭優勢的模仿戰略	360元
287	電話推銷培訓教材（增訂三版）	360元
288	贏在細節管理（增訂二版）	360元
289	企業識別系統 CIS（增訂二版）	360元
290	部門主管手冊（增訂五版）	360元
291	財務查帳技巧（增訂二版）	360元
292	商業簡報技巧	360元
293	業務員疑難雜症與對策（增訂二版）	360元
294	內部控制規範手冊	360元
295	哈佛領導力課程	360元
296	如何診斷企業財務狀況	360元
297	營業部轄區管理規範工具書	360元
298	售後服務手冊	360元
299	業績倍增的銷售技巧	400元
300	行政部流程規範化管理（增訂二版）	400元
301	如何撰寫商業計畫書	400元
302	行銷部流程規範化管理（增訂二版）	400元
303	人力資源部流程規範化管理（增訂四版）	420元
304	生產部流程規範化管理（增訂二版）	400元
305	績效考核手冊（增訂二版）	400元
306	經銷商管理手冊（增訂四版）	420元

307	招聘作業規範手冊	420元
308	喬・吉拉德銷售智慧	400元
309	商品鋪貨規範工具書	400元
310	企業併購案例精華（增訂二版）	420元
311	客戶抱怨手冊	400元
312	如何撰寫職位說明書（增訂二版）	400元
313	總務部門重點工作（增訂三版）	400元
314	客戶拒絕就是銷售成功的開始	400元
315	如何選人、育人、用人、留人、辭人	400元
316	危機管理案例精華	400元

《商店叢書》

10	賣場管理	360元
18	店員推銷技巧	360元
30	特許連鎖業經營技巧	360元
35	商店標準操作流程	360元
36	商店導購口才專業培訓	360元
37	速食店操作手冊〈增訂二版〉	360元
38	網路商店創業手冊〈增訂二版〉	360元
40	商店診斷實務	360元
41	店鋪商品管理手冊	360元
42	店員操作手冊（增訂三版）	360元
43	如何撰寫連鎖業營運手冊〈增訂二版〉	360元
44	店長如何提升業績〈增訂二版〉	360元
45	向肯德基學習連鎖經營〈增訂二版〉	360元
46	連鎖店督導師手冊	360元
47	賣場如何經營會員制俱樂部	360元
48	賣場銷量神奇交叉分析	360元
49	商場促銷法寶	360元
50	連鎖店操作手冊（增訂四版）	360元
51	開店創業手冊〈增訂三版〉	360元
52	店長操作手冊（增訂五版）	360元
53	餐飲業工作規範	360元

54	有效的店員銷售技巧	360 元
55	如何開創連鎖體系〈增訂三版〉	360 元
56	開一家穩賺不賠的網路商店	360 元
57	連鎖業開店複製流程	360 元
58	商鋪業績提升技巧	360 元
59	店員工作規範（增訂二版）	400 元
60	連鎖業加盟合約	400 元
61	架設強大的連鎖總部	400 元
62	餐飲業經營技巧	400 元

《工廠叢書》

13	品管員操作手冊	380 元
15	工廠設備維護手冊	380 元
16	品管圈活動指南	380 元
17	品管圈推動實務	380 元
20	如何推動提案制度	380 元
24	六西格瑪管理手冊	380 元
30	生產績效診斷與評估	380 元
32	如何藉助 IE 提升業績	380 元
35	目視管理案例大全	380 元
38	目視管理操作技巧（增訂二版）	380 元
46	降低生產成本	380 元
47	物流配送績效管理	380 元
49	6S 管理必備手冊	380 元
51	透視流程改善技巧	380 元
55	企業標準化的創建與推動	380 元
56	精細化生產管理	380 元
57	品質管制手法〈增訂二版〉	380 元
58	如何改善生產績效〈增訂二版〉	380 元
67	生產訂單管理步驟〈增訂二版〉	380 元
68	打造一流的生產作業廠區	380 元
70	如何控制不良品〈增訂二版〉	380 元
71	全面消除生產浪費	380 元
72	現場工程改善應用手冊	380 元
75	生產計劃的規劃與執行	380 元
77	確保新產品開發成功（增訂四版）	380 元
78	商品管理流程控制(增訂三版)	380 元
79	6S 管理運作技巧	380 元

80	工廠管理標準作業流程〈增訂二版〉	380 元
81	部門績效考核的量化管理（增訂五版）	380 元
82	採購管理實務〈增訂五版〉	380 元
83	品管部經理操作規範〈增訂二版〉	380 元
84	供應商管理手冊	380 元
85	採購管理工作細則〈增訂二版〉	380 元
86	如何管理倉庫（增訂七版）	380 元
87	物料管理控制實務〈增訂二版〉	380 元
88	豐田現場管理技巧	380 元
89	生產現場管理實戰案例〈增訂三版〉	380 元
90	如何推動 5S 管理（增訂五版）	420 元
91	採購談判與議價技巧	420 元
92	生產主管操作手冊(增訂五版)	420 元
93	機器設備維護管理工具書	420 元

《醫學保健叢書》

1	9 週加強免疫能力	320 元
3	如何克服失眠	320 元
4	美麗肌膚有妙方	320 元
5	減肥瘦身一定成功	360 元
6	輕鬆懷孕手冊	360 元
7	育兒保健手冊	360 元
8	輕鬆坐月子	360 元
11	排毒養生方法	360 元
13	排除體內毒素	360 元
14	排除便秘困擾	360 元
15	維生素保健全書	360 元
16	腎臟病患者的治療與保健	360 元
17	肝病患者的治療與保健	360 元
18	糖尿病患者的治療與保健	360 元
19	高血壓患者的治療與保健	360 元
22	給老爸老媽的保健全書	360 元
23	如何降低高血壓	360 元
24	如何治療糖尿病	360 元
25	如何降低膽固醇	360 元
26	人體器官使用說明書	360 元

27	這樣喝水最健康	360 元
28	輕鬆排毒方法	360 元
29	中醫養生手冊	360 元
30	孕婦手冊	360 元
31	育兒手冊	360 元
32	幾千年的中醫養生方法	360 元
34	糖尿病治療全書	360 元
35	活到 120 歲的飲食方法	360 元
36	7 天克服便秘	360 元
37	為長壽做準備	360 元
39	拒絕三高有方法	360 元
40	一定要懷孕	360 元
41	提高免疫力可抵抗癌症	360 元
42	生男生女有技巧〈增訂三版〉	360 元

《培訓叢書》

11	培訓師的現場培訓技巧	360 元
12	培訓師的演講技巧	360 元
14	解決問題能力的培訓技巧	360 元
15	戶外培訓活動實施技巧	360 元
17	針對部門主管的培訓遊戲	360 元
20	銷售部門培訓遊戲	360 元
21	培訓部門經理操作手冊（增訂三版）	360 元
22	企業培訓活動的破冰遊戲	360 元
23	培訓部門流程規範化管理	360 元
24	領導技巧培訓遊戲	360 元
25	企業培訓遊戲大全(增訂三版)	360 元
26	提升服務品質培訓遊戲	360 元
27	執行能力培訓遊戲	360 元
28	企業如何培訓內部講師	360 元
29	培訓師手冊（增訂五版）	420 元
30	團隊合作培訓遊戲(增訂三版)	420 元
31	激勵員工培訓遊戲	420 元

《傳銷叢書》

4	傳銷致富	360 元
5	傳銷培訓課程	360 元
7	快速建立傳銷團隊	360 元
10	頂尖傳銷術	360 元
12	現在輪到你成功	350 元
13	鑽石傳銷商培訓手冊	350 元

14	傳銷皇帝的激勵技巧	360 元
15	傳銷皇帝的溝通技巧	360 元
19	傳銷分享會運作範例	360 元
20	傳銷成功技巧（增訂五版）	400 元
21	傳銷領袖（增訂二版）	400 元
22	傳銷話術	400 元

《幼兒培育叢書》

1	如何培育傑出子女	360 元
2	培育財富子女	360 元
3	如何激發孩子的學習潛能	360 元
4	鼓勵孩子	360 元
5	別溺愛孩子	360 元
6	孩子考第一名	360 元
7	父母要如何與孩子溝通	360 元
8	父母要如何培養孩子的好習慣	360 元
9	父母要如何激發孩子學習潛能	360 元
10	如何讓孩子變得堅強自信	360 元

《成功叢書》

1	猶太富翁經商智慧	360 元
2	致富鑽石法則	360 元
3	發現財富密碼	360 元

《企業傳記叢書》

1	零售巨人沃爾瑪	360 元
2	大型企業失敗啟示錄	360 元
3	企業併購始祖洛克菲勒	360 元
4	透視戴爾經營技巧	360 元
5	亞馬遜網路書店傳奇	360 元
6	動物智慧的企業競爭啟示	320 元
7	CEO 拯救企業	360 元
8	世界首富　宜家王國	360 元
9	航空巨人波音傳奇	360 元
10	傳媒併購大亨	360 元

《智慧叢書》

1	禪的智慧	360 元
2	生活禪	360 元
3	易經的智慧	360 元
4	禪的管理大智慧	360 元
5	改變命運的人生智慧	360 元
6	如何吸取中庸智慧	360 元
7	如何吸取老子智慧	360 元

8	如何吸取易經智慧	360 元
9	經濟大崩潰	360 元
10	有趣的生活經濟學	360 元
11	低調才是大智慧	360 元

《DIY 叢書》

1	居家節約竅門 DIY	360 元
2	愛護汽車 DIY	360 元
3	現代居家風水 DIY	360 元
4	居家收納整理 DIY	360 元
5	廚房竅門 DIY	360 元
6	家庭裝修 DIY	360 元
7	省油大作戰	360 元

《財務管理叢書》

1	如何編制部門年度預算	360 元
2	財務查帳技巧	360 元
3	財務經理手冊	360 元
4	財務診斷技巧	360 元
5	內部控制實務	360 元
6	財務管理制度化	360 元
8	財務部流程規範化管理	360 元
9	如何推動利潤中心制度	360 元

為方便讀者選購,本公司將一部分上述圖書又加以專門分類如下：

《企業制度叢書》

1	行銷管理制度化	360 元
2	財務管理制度化	360 元
3	人事管理制度化	360 元
4	總務管理制度化	360 元
5	生產管理制度化	360 元
6	企劃管理制度化	360 元

《主管叢書》

1	部門主管手冊（增訂五版）	360 元
2	總經理行動手冊	360 元
4	生產主管操作手冊（增訂五版）	420 元
5	店長操作手冊（增訂五版）	360 元
6	財務經理手冊	360 元
7	人事經理操作手冊	360 元
8	行銷總監工作指引	360 元
9	行銷總監實戰案例	360 元

《總經理叢書》

1	總經理如何經營公司(增訂二版)	360 元
2	總經理如何管理公司	360 元
3	總經理如何領導成功團隊	360 元
4	總經理如何熟悉財務控制	360 元
5	總經理如何靈活調動資金	360 元

《人事管理叢書》

1	人事經理操作手冊	360 元
2	員工招聘操作手冊	360 元
3	員工招聘性向測試方法	360 元
5	總務部門重點工作	360 元
6	如何識別人才	360 元
7	如何處理員工離職問題	360 元
8	人力資源部流程規範化管理（增訂四版）	420 元
9	面試主考官工作實務	360 元
10	主管如何激勵部屬	360 元
11	主管必備的授權技巧	360 元
12	部門主管手冊（增訂五版）	360 元

《理財叢書》

1	巴菲特股票投資忠告	360 元
2	受益一生的投資理財	360 元
3	終身理財計劃	360 元
4	如何投資黃金	360 元
5	巴菲特投資必贏技巧	360 元
6	投資基金賺錢方法	360 元
7	索羅斯的基金投資必贏忠告	360 元
8	巴菲特為何投資比亞迪	360 元

《網路行銷叢書》

1	網路商店創業手冊〈增訂二版〉	360 元
2	網路商店管理手冊	360 元
3	網路行銷技巧	360 元
4	商業網站成功密碼	360 元
5	電子郵件成功技巧	360 元
6	搜索引擎行銷	360 元

《企業計劃叢書》

1	企業經營計劃〈增訂二版〉	360 元
2	各部門年度計劃工作	360 元
3	各部門編制預算工作	360 元

| 4 | 經營分析 | 360 元 |
| 5 | 企業戰略執行手冊 | 360 元 |

在海外出差的‥‥‥‥
台 灣 上 班 族

愈來愈多的台灣上班族，到海外工作（或海外出差），對工作的努力與敬業，是台灣上班族的核心競爭力；一個明顯的例子，返台休假期間，台灣上班族都會抽空再買書，設法充實自身專業能力。

[憲業企管顧問公司]以專業立場，為企業界提供最專業的各種經營管理類圖書。

85%的台灣上班族都曾經有過購買（或閱讀）[憲業企管顧問公司]所出版的各種企管圖書。

建議你：工作之餘要多看書，加強競爭力。

建立企業圖書館

當市場競爭激烈時：

培訓員工，強化員工競爭力
是企業最佳對策

「人才」是企業最大的財富。如何提升人才，是企業永續經營、戰勝對手的核心競爭力。積極培訓公司內部員工，是經濟不景氣時期的最佳戰略，而最快速的具體作法，就是「建立企業內部圖書館，鼓勵員工多閱讀、多進修專業書籍」

建議您：請一次購足本公司所出版各種經營管理類圖書，作為貴公司內部員工培訓圖書。使用率高的（例如「贏在細節管理」），準備 3 本；使用率低的（例如「工廠設備維護手冊」），只買 1 本。

經營顧問叢書 ㉛ 售價：400 元

客戶拒絕就是銷售成功的開始

西元二〇一五年六月 　　　　　　　　初版一刷

編輯指導：黃憲仁

編著：李伯勤

策劃：麥可國際出版有限公司（新加坡）

編輯：蕭玲

校對：劉飛娟

發行人：黃憲仁

發行所：憲業企管顧問有限公司

電話：(02) 2762-2241 　 (03) 9310960 　 0930872873

電子郵件聯絡信箱：huang2838@yahoo.com.tw

銀行 ATM 轉帳：合作金庫銀行 　 帳號：5034-717-347447

郵政劃撥：18410591 　 憲業企管顧問有限公司

江祖平律師顧問：紙品書、數位書著作權與版權均歸本公司所有

登記證：行政業新聞局版台業字第 6380 號

本公司徵求海外版權出版代理商 （0930872873）

本圖書是由憲業企管顧問(集團)公司所出版，以專業立場，為企業界提供最專業的各種經營管理類圖書。

圖書編號 ISBN：978-986-369-020-7